戎光祥レイルウェイリブレット

3

電車技術発達史

戦後の名車を訪ねて

福原俊一

戎光祥出版

はじめに

全国で約50000両が運転される電車は、世界に誇る安全・正確な日本の鉄道の主役であると同時に、エネルギー効率に優れ地球環境

貝塚線を行く引退間際の西日本鉄道313形。引退直前の姿　写真：吉富　実

編集部註：本書の本文の年号は原則として和暦で記述しています。巻末に和暦西暦対照表を収録していますので、ご参照ください。また、登場人物の敬称は、氏で統一していますが、著者が取材した皆様の役職名は、取材当時のものとさせて頂いております。写真は特記したもの以外は、著者の福原俊一氏が撮影したものです。

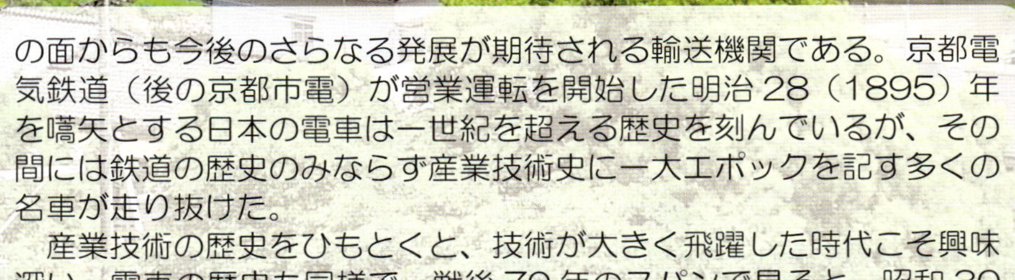

の面からも今後のさらなる発展が期待される輸送機関である。京都電気鉄道（後の京都市電）が営業運転を開始した明治 28（1895）年を嚆矢とする日本の電車は一世紀を超える歴史を刻んでいるが、その間には鉄道の歴史のみならず産業技術史に一大エポックを記す多くの名車が走り抜けた。

産業技術の歴史をひもとくと、技術が大きく飛躍した時代こそ興味深い。電車の歴史も同様で、戦後 70 年のスパンで見ると、昭和 30 年前後と昭和末期から平成初期にかけての年代が技術的飛躍の時代といって差し支えないだろう。本書では前者の時代、つまり戦後の復興を背景に新しい車両技術を盛り込んで誕生した近代化車両や私鉄高性能電車にスポットを当て、開発に携わった技術者のモチーフとともに足跡を綴っていくことにしたい。限られた紙幅で技術者のモチーフがどの程度伝えられるか心許ないが、彼ら一族の産業技術的価値の一端が読者の皆さんに届けば幸いである。

福原俊一

巻頭特別企画

昭和～平成を駆け抜けた戦後の名車たち

国鉄クハ26001（151系）

日本の電車発達の礎を築いた名車こだま形。川崎重工業兵庫工場で復元が進められている　提供：川崎重工業

落成間もないクハ26001　提供:川崎重工業

本書では、電車研究家・福原俊一氏が昭和 20 ～ 30 年代の電車技術の変遷を解説するとともに、エポックメイキング的な車両７形式をピックアップしている。ここでは、日本の電車技術の発展に大きく寄与した各形式について、現役当時と廃車直前・直後の写真を用いながら、ご紹介する。

瀬田川橋梁を行くこだま形　提供：川崎重工業

川崎重工業で復元されたクハ 26001。サボ類も忠実に再現されている

川崎重工業兵庫工場の総合事務所前に搬入されるこだま形　提供：川崎重工業

西日本鉄道 313 形

大牟田線時代の 313 形。日本初のモノコック構体を使用した　写真：吉富　実

◀ 313 形の解体中の構体。側柱とたるきが同一断面で形成されていることが分かる　提供：西日本鉄道

多々良車両基地に留置されている 313 形。貝塚線時代は長らくクリーム色に赤帯のカラーリングで活躍していた

長津田駅に停車する東急時代晩年の5000系(昭和58年3月撮影)　写真：三浦　衛

熊本電気鉄道5100形 (旧東急5000系)

熊本電気鉄道の北熊本駅で並ぶ5101Aと5102A　写真：三浦　衛

長野電鉄 2000 系

竣工当時の D 編成。本編成は 2000 系が形式消滅した平成 24 年まで活躍した　提供：日本車輌製造

小布施駅構内の「ながでん電車の広場」で静態保存される D 編成　写真：齋藤貴志

営団300形

汽車会社で竣工したトップナンバーの
301号　提供：（公財）メトロ文化財団

地下鉄博物館で静態保存される301号

東急 7700 系（旧 7000 系）

東横線の自由が丘－田園調布間を行く 7000 系（昭和 58 年 12 月撮影）。　写真：三浦　衛

7700 系となった現在もボディは製造当時のものを使用。ステンレス車体の堅牢さを実証している　写真：三浦　衛

山陽電気鉄道 2000系・3000系

日本のアルミ車時代隆盛の礎を築いた2000系(右)と3000系(左)のツーショット　提供：山陽電気鉄道

平成2年に引退した日本初のアルミ車・山陽2000系。写真はさよなら運転の様子　写真：堀田和弘

アルゼンチンから里帰りした不朽の名車

帝都高速度交通営団 500形復元プロジェクト

平成29年11月27日、中野車両基地で復元工事の進む500形の報道公開が行われ、多くの報道陣が訪れた

引退直前の500形（平成6年）。写真はさよなら運転の様子　提供：（公財）メトロ文化財団

アルゼンチンへ旅立つ500形。クレーンで船に積み込まれた　提供：（公財）メトロ文化財団

▲車体はさび落とし、腐食部分の修繕を行ったのちに、塗装が行われた

室内の復元

ー施行途中ー（平成29年9月撮影）　**ー完成時ー**（平成29年11月撮影）

1、竣工当時の室内を復元

2、車体更新時の室内を復元

3、アルゼンチン時代の室内を復元

戎光祥レイルウェイリブレット

3

電車技術発達史

戦後の名車を訪ねて

福原俊一

戎光祥出版

電車技術発達史

戦後の名車を訪ねて

目　　次

第3章　戦後の名車を訪ねて

コラム

第１章　私鉄高性能電車の要素技術

小田急SE車の荷重試験の様子

TT2-台車に搭載された主電動機とカルダン軸

東芝製直角カルダンを搭載したTT2台車

鉄道は車両だけでなく線路，電気，施設，そして運転…　これらのシステムが有機的に結合して運営するシステム工学で成り立っている。日本では電車が全国で約50000両が運転され鉄道車両の主役として君臨しているが、そもそも電車とは「原動機に電動機を用いる旅客車・貨物車並びにこれに連結する制御車・付随車の総称」とJISで定義され、

- 車体　走行装置に支えられて、旅客・乗務員・運転用機器などを積載する車両の部分
- 台車　走行装置として用いるもので、輪軸・台車枠・ばね装置などで構成するもの
- 主回路　集電装置などから主電動機へ電力を供給する回路

昭和 30 年に登場した名鉄 5000 系。平行リンク式台車・中空軸平行カルダン駆動・発電ブレーキ併用電磁直通空気ブレーキ（HSC-D）などの新技術が「完全セット」で盛り込まれた　写真：奥野利夫

・ブレーキ　列車（車両）を減速または停止させるために用いる一連の装置の要素が有機的に結合されたシステムである。

明治28（1895）年に京都電気鉄道で産声を上げた日本の電車はたゆまぬ進化を続け、昭和の戦前期には東京地下鉄道1000形・国鉄モハ52形など多くの名車が誕生した。しかし戦中〜戦後間もない時期は諸外国からの技術情報が隔絶しただけでなく、資材を節約した戦時設計モハ63形を製作せざるを得ず、車両技術面での進展はなく停滞したままだった。

昭和20年代半ばすぎから日本の産業界の復興と歩調を合わせるように、先進諸外国の車両技術情報も入手できるようになり技術導入が進められていった。こういった導入技術と国内メーカが独自で開発した新技術がシーズとして蓄積され、その一方では経済・産業界の復興に伴い輸送量が増加していた国鉄及び私鉄各社から乗心地の良い高速電車がニーズとして求められていた。このような背景から新しい車両技術を盛り込んだ近代化車両や私鉄高性能電車と呼ばれる車両群が、昭和20年代後半から30年代前半にかけて戦後の車両史を彩る名車が続即と誕生していった。各車両のプロフィルを紹介する前に車両技術を要素別に紹介しよう。

1. 軽量構造車の誕生

鉄道車両の構体は大正期に木製から鋼製に「進化」し、構体質量は増加す

昭和20年代に台頭した主な車両技術		
要　素	新技術	新技術の目指すもの
車体・車体設備	1. モノコック構造の軽量構体	軽量化・速度向上・輸送力増強
	2. 両開扉	
	3. 交流蛍光灯	
台　車	1. 軸箱支持装置の改良	軽量化・高速運転・乗心地の向上
	2. 空気ばね	
	3. プレス鋼の溶接台車	
主電動機・駆動装置	1. 小形高速回転の主電動機	高速運転・高加減速化
	2. カルダン駆動（分離駆動）	
ブレーキ装置	1. 電磁直通空気ブレーキ	高速運転・保守省力化
	2. ディスクブレーキ	

る傾向にあった。車体軽量化への取組みはスイスではじまり戦前期に軽量構造の客車を実用化させていたが、日本でも戦後に列車速度向上や地上設備への負担を軽減する見地から軽量化の取組みが本格化し、80系湘南形電車（昭和24［1949］年度新製）、西鉄600形（同26年度）では台枠の中ばりを省略し、軽量構造への第一歩を踏み出していた。従来は構体の強度を精確に測定できる機器がなく、台枠や骨組などの部材が独立して強度を負担せざるを得なかったことなどから軽量化は進展しなかったが、鉄道技術研究所（現在の鉄道総研）が昭和24年に開発した電気抵抗線歪計により、精確な強度解析が可能になった。

昭和20年代後半には鉄道事業者・車両メーカで軽量化研究の機運が高まっていた。近畿車輛は昭和26・27年度に運輸省科学技術研究補助金を受けて軽量化に取組み、構体全体で強度を負担するモノコック構造の設計思想を採り入れて台枠の横ばりと側柱を同一断面に配置したほか、形鋼をやめて鋼板プレスを用いることなどにより、構体質量を20%以上の軽量化した西鉄313形を製作した。同じ頃、日本車輛東京支店では高抗張力鋼を使用して薄板化することにより軽量化を図った車両を製作したが、高抗張力鋼の価格が高いことなどから、以後の軽量構造は313形のように普通鋼を用いたモノコック構造が主流となった。

国鉄においても車体軽量化は重要技術課題に採り上げるなど積極的に取組み、モノコック構造のナハ10形軽量客車が30年度に誕生した。こうして昭和30年代初頭には、新設計される電車をはじめとした旅客車は軽量構造が当たり前という時代を迎え、デザイン的にも洗練された近代的な電車が続々と誕生するようになった。

車体軽量化実現には、先述の電気抵抗線歪計の開発とともに、強度解析手法を考案した吉峯鼎の功績を抜きに語ることはできない。戦前期から車体軽量化を研究していた吉峯は、電気抵抗線歪計を応用して精確に強度を解析し、同時にその理論を体系化した手法を編み出した。「吉峯法」と呼ばれるようになったこの手法は、有限要素法（コンピュータを用いて強度解析を行う手法）が鉄道車両に導入される昭和50年代まで、鉄道車両の強度解析手法として汎く使用されるのである。

2. 台車技術の進展

車体を支える台車は、上記の主電動機だけでなくブレーキ装置や走行中の車体に伝わる振動を吸収するサスペンション機能などを併せ持った重要な走行装置である。戦後間もない昭和21（1946）年にスピードアップと乗心地向上を目指して、島秀雄工作局動力車課長の指導のもと、国鉄工作局・技術研究所及び車両・台車メーカ関係者で組織された高速台車振動研究会が発足し、高速運転に際して必要となる振動解析・台車構造の研究が進められた。横揺れと一般にいわれる左右振動を抑えるには、揺れまくらつりを長くすれば効果のあることがこの研究会で確かめられ、その成果は80系湘南形電車をはじめ戦後製作された旅客車用台車に早速反映された。さらに先進諸外国からの技術導入や国内メーカが独自で開発した新技術を盛り込んで、スピードアップや乗心地の向上に対応した台車が実用化されていった。ここでは戦後一斉に開花した台車の新技術を通観してみることにしよう。

■新形台車の幕開けとなったOK台車とMD台車

終戦間もない昭和23（1948）年、上述の高速台車振動研究会の研究成果を活かしたOK台車とMD台車が試作され、在来台車との比較試験が東海道本線で実施された。川崎車輌製のOK台車は、軸ばりと台車枠をピンで結合し摺動部をなくした方式で、その名称は設計者である岡村馨技師と川崎車輌のイニシャルに由来するといわれている。三菱重工業製のMD台車もOK台車と同様に摺動部をなくした方式だが、振り棒を介して軸ばりを支持したこと、揺れ枕つりにT字形リンクを採用して振動防止を図った点が特徴である。

MD台車は複雑なリンク機構のためか普及しなかったが、OK台車は後年の山陽電鉄・京浜急行などで採用された。またOK台車を使用した国鉄の

戦後台頭した台車の主な技術

方式・製作会社（会社名は当時のもの）			新技術の 源流になったもの	電車での 実用化	新技術の 目指すもの
台車枠	鋼板プレス 鋼溶接構造	（各社）	−	京阪 1800 形	・軽量化
軸箱支持装置	軸はり式	川崎車輛	川崎車輛独自開発	山陽 820 形	・高速運転 ・蛇行動の防止 ・保守省力化
	平行リンク式	住友金属	住友金属独自開発 （仏国の技術情報）	小田急 2200 形	
	シュリーレン式	近畿車輛	スイス・シュリーレン社との技術提携	近鉄 1450 形	
枕ばね	コイルばね・ オイルダンパ	（各社）	高速台車振動研究会 （米国の技術情報）	京阪 1800 形	・乗心地の改良
	空気ばね	汽車会社	汽車会社独自開発	京阪 1810 形	

架線試験車クモヤ93形が、35年11月に当時の狭軌鉄道世界最高速度記録175km/hをマークし、その優秀な性能を実証した。

■枕ばねと台車枠の改良

台車枠と車体との間に用いてサスペンションを司る枕ばねは、板間の摩擦により上下振動を吸収する重ね板ばねが古くから使われていたが、摩擦係数が一定でないため乗り心地面に改良の余地があった。戦後の上下振動に対する理論の確立と信頼性の高いオイルダンパが実用化されたことから、昭和28（1953）年に誕生した営団300形用の住友金属（現在の新日鉄住金）製FS-301（営団300形用）、住金製FS-302・汽車会社製KS-6（いずれも京阪1800形用）で、枕ばねにコイルばねとオイルダンパが併用した方式が実用化された。

将来の長距離電車運転に備え、モハ 52 形を用いて昭和 23 年 4 月に高速試験が実施され、架線運動や車両振動などが測定された　所蔵：福原俊一

川崎車輛製のOK-3台車。形式名は設計主務者の「岡村馨」と「川崎」に由来している

台車枠を溶接構造とし、枕ばねにコイルばねとオイルダンパを併用した汽車会社製のKS-6台車

戦前期の台車枠は形鋼と鋼板のリベット組立構造が主体だったが、戦後は一体鋳鋼で組立てられるようになり、さらにプレス鋼を用いた溶接構造に進化して軽量化に寄与した。上述のKS-6の台車枠が全溶接構造で製作されたのを皮切りに、以後の台車枠は溶接構造が主流となった。鋳鋼をお家芸としていた台車メーカの雄である住金もこの流れに抗えず、昭和30年代前半には溶接構造に転身した。

■軸箱支持装置の改良

車輪の振動を吸収する軸箱支持装置も先進諸外国との技術提携などにより乗り心地だけでなく、磨耗部分が少なく保守の容易な新方式が実用化された。その先陣を切ったのが、段差の付いたリンクで軸箱を支持した磨耗部分のない住金の平行リンク式で、小田急はじめ私鉄各社で採用された。平行リンク式は、フランス・アルストム社製の電気機関車に用いられていた方式に範をとって住金が独自に開発したもので、形態が似ているためか「アルストム式」と記された文献も少なくないが、住金では「平行リンク式」と呼称している。

スイスのシュリーレン市に所在するスイス・カー・アンド・エレベーター

住友金属製のFS327台車（平行リンク台車）　写真：奥野利夫

近畿車輌製のKD6台車（シュリーレン台車）　写真：奥野利夫

製造会社は、ウィングばねの内側に油圧の円筒案内を配したシュリーレン台車を開発した。近畿車輌は同社と技術提携してシュリーレン台車を製作し、近鉄1450形や後述する小田急SE車などに採用された。その後汽車会社もスイス・シンドラー社の技術情報を基に、独自で円筒軸箱案内式台車を開発した。シュリーレン台車の範ちゅうであるが、汽車会社製の台車はシンドラー台車の通称で呼ばれている。

■空気ばね台車の実用化

列車の乗り心地を左右する台車は上述のように改良が重ねられてきたが、コイルばねではクッションを柔らかくして乗り心地を向上させるのは、空車時と超満員時で車両床面高さが変わってしまうため限界がある。ゴムベローズを使った空気ばねが汽車会社で考案され、国鉄ディーゼル動車の台車を改造して昭和31（1956）年に現車試験が実施されたが、これに興味を示した京阪は国鉄に続いて空気ばね台車の試験を開始した。当初の空気ばね台車は軸箱支持装置を支える軸ばねに空気ばねを用いたが、まくらばねに用いた方が効果的なことが試験の結果で分かり、汽車会社はKS-51台車を32年度に

KS-51空気ばね台車を使用した京阪1810形　写真：星 晃

製作し、1800形の改良形式である1810形特急車両に採用した。乗心地の優れた空気ばね台車は、後の近鉄ビスタカーやこだま形などの優等車両から通勤形電車にいたるまで広く使われるようになる。今日の電車のまくらばねは、空気ばねが当たり前になっているが、1810形に採用されたKS-51はその先駆けとなった。

空気ばね台車を開発のリーダーとして活躍したのは、汽車会社の高田隆雄である。戦前期から蒸気機関車の設計に携わっていた高田が29年に米国を視察したとき、長距離バス会社であるグレイハウンド社の新形バスに空気ばねを採用してPRするポスターを見かけたのが開発のきっかけと述懐しているが、国鉄や京阪に試用を勧める一方で、ベローズをブリヂストンと試行錯誤で開発するなどの苦労を重ねて実用化にこぎつけた。

シュリーレン台車を実用化していた近畿車輛も空気ばねの開発をブリヂストンと共同で進め、33年度に誕生した近鉄ビスタカーで実用化した。空気ばね台車は、ビスタカーと同時期に誕生した国鉄こだま形電車・20系固定編成客車にも採用された空気ばね台車は、日本国内のみならず広く海外に普及していく。日本の鉄道車両の設計・製作に関する技術の多くは先進諸外国からの技術導入あるいは模倣を源流とする歴史をもつが、空気ばね台車は日本が世界に発信する車両技術の先駆けともなったのである。

戦後台頭した駆動方式

方式・メーカ（主電動機／駆動装置）		新技術の源流になったもの	電車での実用化	新技術の目指すもの
クイル駆動	日立／日立	日立独自開発（欧州諸国の電気機関車）	（電気機関車で実用化）	・高速運転 ・高加減速性能の向上 ・乗心地の改良 ・低騒音化
直角カルダン	東芝／東芝	米国ＰＣＣカー	東武 5720 系・東急 5000 形	
	三菱／住金	同　上	小田急 2200 形・阪神 3011 形	
ＷＮ	三菱／住金	住金金属独自開発（米国の技術情報）	京阪 1800 形	
		米国ＷＨ社との技術提携（ニューヨーク地下鉄電車）	営団 300 形	
中空軸平行カルダン	東洋／東洋	東洋電機独自開発（スイスＢＢＣ社）	京阪 1800 形	

3. カルダン駆動の誕生

■新しい駆動方式の台頭

電車は主電動機の回転力を、歯車を介して輪軸に伝達して走行するのが一般的で、つりかけ式と呼ばれる構造が古くから用いられていた。これは主電動機を動軸と台車枠に負荷する装架装置で、主電動機の電機子軸と車軸の間が一定に保たれるため、歯車を利用して簡単に動力を伝達できる長所がある。少なからぬ文献に記されている「つりかけ駆動」という表現は正しい表現ではないのだが余談はさておき、つりかけ式は歯数比が大きくとれない、したがって主電動機の回転数が大きくできないので質量が重くなること、ばね下質量が大きくなることなどの欠点があった。

ばね下質量は、車両質量のなかで台車の軸ばねを介さず車軸に直接支持されている部分の質量をいうが、これは軌道に直接影響を与えるだけでなく車両の振動に悪影響があることから、高速運転のニーズが高まるにつれていかに小さくするかが課題となっていた。

1930 年代の先進諸外国で、主電動機を台車上に装架してばね下質量を軽減し、主電動機と車軸間の振動や変位を吸収しながら動力を伝達する駆動装置が実用化されていたが、戦後になってこれら技術情報の詳細が徐々に伝えられるようになっていた。一方では高速電動機の研究がはじまり、金属材料や絶縁材料の進歩により小型軽量・高速回転電動機の開発が進められ、この高速電動機を用いたクイル駆動・カルダン駆動の開発が各メーカで進められ

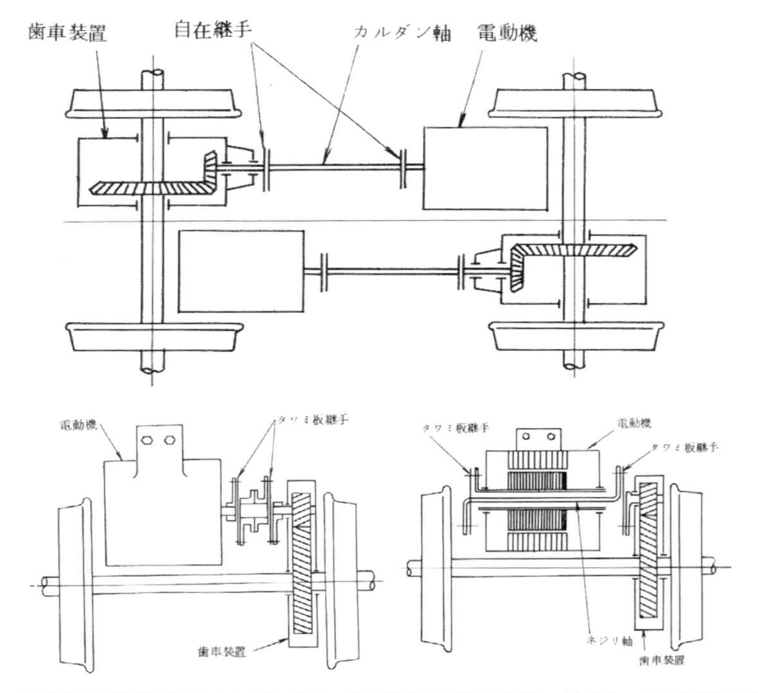

図 駆動方式比較（直角カルダン（上）、WN駆動の平行カルダン（左下）、中空軸平行カルダン（右下）東洋電機所蔵資料より転載） 出典：東洋電機資料

た。前者は台車枠に装架した主電動機に車軸が貫通する中空軸（クイル）を設けて駆動する方式、後者は従来の歯車に代わりたわみ継手を用いて動力を伝達する方式で、その名称は自在継手の発明者である16世紀イタリアの数学者・技術者のCardan氏に由来している。

カルダン駆動には電機子軸と車軸が直角と平行に配置される二方式があり、平行カルダンにはWN駆動（名称は、Westinghouse社の電動機とNuttale（ナタール）社の減速装置を組合せたことに由来）と、電機子軸を中空にした中空軸平行カルダン駆動の二方式に大別される。ここでは戦後一斉に開花した新しい駆動方式を通観してみることにしよう。

森佐一郎氏　所蔵：福原俊一

■直角カルダンの実用化

直角カルダンは戦前期に米国PCCカーで実用化されて

いたが、日本では東芝がいち早く実用化させた。東芝は昭和24（1949）年度に試作したトロリーバスで2000rpmの高速回転電動機（従来のつりかけ式電動機（80系湘南形電車のMT40）は870rpm）の製作に成功していた。

「これを鉄道車両に応用すれば軽量化できるので、ユニバーサルジョイント（自在継手）を使ったカルダン駆動の開発に着手した。トロリーバスで試作した電動機を用いて小田急電鉄殿で性能試験をやっていただいたところ、従来と違って静かで性能も良い結果を得た」

と、東芝で直角カルダンの開発に携わった森佐一郎氏は述懐しているが、相武台実験と通称される現車試験を皮切りに、阪神電鉄でのTT-2台車現車試験などを経て東武5720形で実用化させた。

三菱（駆動装置は住金）も東芝と同様に27年度の名鉄現車試験で実用化の見通しをつけ、両社製の直角カルダンは小田急2200形・阪神3011形・東急5000形をはじめ多くの初期高性能電車に採用された。構造が比較的簡単な長所をもつ直角カルダンだったがカルダン継手破損などのトラブルが多発した。継手が破損するとカルダン軸が軌道上に落下して脱線する恐れがあるため、東急5000形では万一の事故に備えて軸下部に防護バンドを取付けるなどの緊急対策に関係者は奔走した。初期の高性能電車で直角カルダンを採用した私鉄各社もほとんどが他の方式に転身したが、走行安定性など捨てがたい魅力があり、相模鉄道のように平成年間まで採用し続けた私鉄があったことを直角カルダンの名誉のために、また初期トラブルが多発した東急5000形も関係者の努力により後年は安定し長年年にわたって活躍を続けたことを東芝・東急電鉄関係者の名誉のために明記しておきたい。

営団300形で採用されたWN駆動装置。台車はFS-301で、枕ばねにコイルばねとオイルダンパを併用　所蔵：福原俊一

コラム

黎明期の直角カルダン・スパイラルベベルギヤ（かさ歯車）製作余話

黎明期の直角カルダンは、スパイラルベベルギヤ（かさ歯車）製作が課題の一つだった。戦前期に東急5000形誕生当時に鉄道技術者向け部内誌のインタビューで「グリーソン社製のカッターを使用して歯切りを行なった」と森佐一郎氏は語っている。一方の住金も、歯切りについてはディーゼルエンジンメーカに委託したと、当時の関係者が語っている。直角カルダン開発の黎明期を経て、ようやく技術的に安定した国産品が製作できるようになったのである。

なお余談になるが、昭和17（1942）年に中島飛行機設計部に入社し、富嶽の設計にも従事した中村和雄氏は「私が入社した当時の発動機（エンジン）生産ラインには、最新鋭の米国製工作機械がずらりと並んでいました。開戦直前に大量に輸入したと聞きましたが、米国もおおらかというか、これから戦争するかもしれない国への輸出をよく認めたものだと思いました」と当時を語った。零式艦上戦闘機の製作で知られる三菱重工業も同様だったようで、当時の工業技術水準が垣間見えるエピソードとして付記しておこう。

コラム

電車では実現しなかったクイル駆動

小田急電鉄取締役を歴任し、後年にはSE車開発の立役者となった山本利三郎氏は、諸外国で実用化されていたクイル駆動を戦後間もない時期から提唱していた。日立は欧州諸国の電気機関車に用いられたクイル駆動に範をとって、防振ゴムクイル駆動装置の開発を早くから進め、相武台実験では直角カルダンとともに現車試験が実施された。しかし積空差の大きい電車には適さなかったためか私鉄各社の採用が得られず、結果的に日立は直角カルダンに方針転換し、他社に少し遅れた昭和30年度に相鉄5000系で実用化させた。

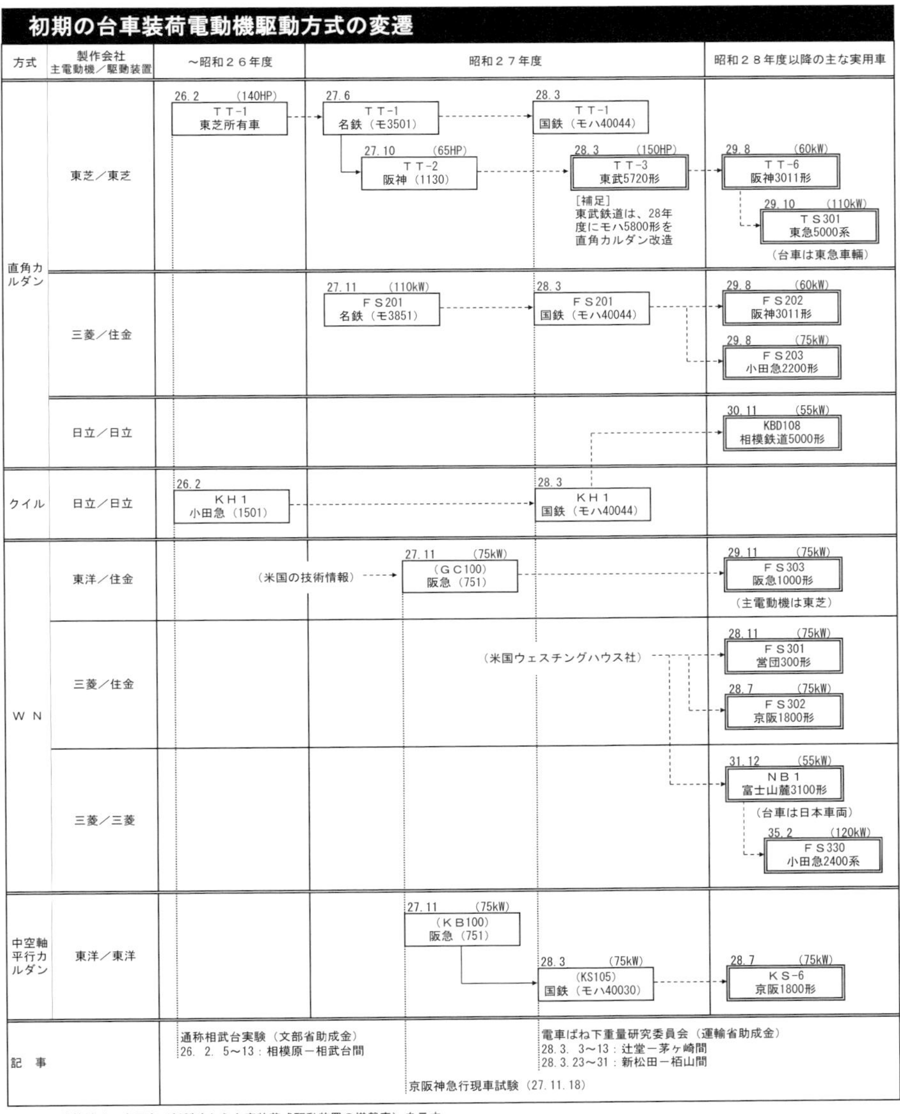

注１：二重枠線は、実用車（新製時から台車装荷式駆動装置の搭載車）を示す
注２：枠線内上段は台車形式（カッコは歯車装置形式），下段は搭載車両形式を示す
注３：枠線上部左側は各駆動装置への改造（新製車は落成・竣功）年月，右側は主電動機出力（単位はオリジナル資料による）を示す

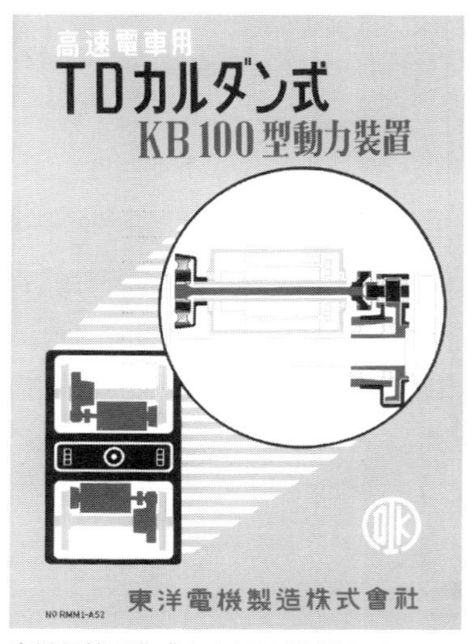

東洋電機が作成したKB100型のパンフレット　所蔵：福原俊一

なお前表には記載していないが、日本で最初に直角カルダンを採用したのは27年8月に落成したキハ44000形電気式気動車（主電動機は東洋電機製）だったが、結果的に気動車は液体式が採用されたため、直角カルダンを使用した電気式気動車は30年代前半に液体式に改造されて消滅した。

■平行カルダンの実用化

営団丸ノ内線は戦後最初の地下鉄新線として建設が進められ、使用する車両の性能は欧米諸国に劣らない優秀なものとする方針のもと、25年から本格的な検討がスタートした。新線の運転条件などを検討の結果、ウェスチングハウス（WH）社がニューヨーク地下鉄電車向けに製作した電気機器・ブレーキ装置と同じものが採用されることになった。戦中期に途絶えていた三菱電機とWH社の技術提携も26年に復活したことから、丸ノ内線用300形の電気機器・ブレーキ装置はWH社から提供された図面を基に三菱（駆動装置は住金）が製作した。

これより一足早く住金は米国から入手した技術情報に基づいて独自にWN駆動装置を開発し、27年度に阪急で現車試験を実施した。この方式は後の阪急1000形などに結実したが、黎明期のWN駆動装置はWH社に範をとったものと独自開発したものの2種類があった。

一方、東洋電機は戦前期にスイスのブラウンボベリー社で実用化されてい

上記のパンフレットに掲載された中空軸平行カルダンの写真　所蔵：福原俊一

たBBCカルダンドライブの資料を参考にして、中空軸電動機とTD継手（Twin Driveの略）を介して動力を伝達する中空軸平行カルダンの研究開発を独自に進め、京阪1800形で実用化させた。中空軸平行カルダンはバックゲージ（車輪の内面距離）の狭い狭軌にも大出力電電動機が適用できる特長があり、京阪1800形に続いて南海11001形、さらには国鉄101系にも採用された。これに対して後年の新幹線電車にも採用されるWN駆動は中空軸という複雑な構造にならない長所はあるが、その分だけ広いバックゲージが必要となり、発祥となったニューヨーク地下鉄や営団丸の内線300形のような標準軌電車はともかく狭軌への適用は難しいとされていた。三菱も国鉄向けを意識して狭軌向けWNの開発に早くから着手したが、32年度に誕生した長野電鉄2000系で本格的に実用化されるまで少し時間がかかった。

4. ブレーキ技術の進展

ブレーキは鉄道車両を安全かつ確実に停止させる重要な装置で、空気圧によって作動する空気ブレーキが古くから一般に用いられていた。従来の空気ブレーキは車両間に引通した空気管の圧力を運転台のブレーキ弁による操作で減圧（増圧）してブレーキをかける自動ブレーキと呼ばれる方式が一般的に用いられていたが、長大編成ではブレーキの伝達が遅くなり、長大編成の高速運転には適さない欠点があった。高速運転のニーズに応えるためブレーキ弁からの指令を電磁弁により直通管圧力を制御する、つまり電気的な指令のため自動ブレーキよりも応答性・制御性に優れ高速運転に適した電磁直通ブレーキが実用化された。

一方、電車列車ではブレーキ時に主電動機を発電機として使用する発電ブレーキが可能であるが、発電ブレーキを作用させるときの主電動機の負荷が大きいことから従来のつりかけ式では下り勾配の抑速ブレーキなど例外的に採用されるにすぎなかった。先述の主電動機の改良により高速域からの発電ブレーキが可能になり、空気ブレーキのようにブレーキシューが磨耗しないこと、高速域からの安定したブレーキ力が得られることなどのメリットを活かすため、私鉄高性能電車では例外なく採用されるようになっていた。

■電磁直通空気ブレーキの実用化

日本の電車で発電ブレーキ併用電磁直通ブレーキを最初に実用化したの

は、昭和28年に誕生した営団300形で、米国地下鉄電車と同じSMEE（Straight air brake,Motor car,Emergency valve,Electricの略）が採用された。WABCO社が開発したSMEEは、ブレーキ弁の単一操作で発電・空気ブレーキの双方を制御ことから、運転取扱い上も容易に行えること等の特長をもっていた。

しかしSMEEは構造が複雑なことなどの難点があった。一方、列車の高速運転に対応するためWABCO社では、ブレーキ弁からの指令を電気的指令に置替え、電磁弁を経由してブレーキ力を調節するHSC（High Speed Controlの略）と呼ばれる電磁直通空気ブレーキを戦前期に開発していた。新三菱重工は米国WABCO社から提供されたHSCの技術情報を基に、三菱電機と連携してSMEEと同様にブレーキ弁のハンドル角度に応じて発電ブレーキ力、つまりブレーキ電流を制御する機構を付加したHSC－D（Dynamic brakeの略）を開発した。この発電ブレーキ併用電磁直通空気ブレーキは小田急2200形や名鉄5000系などに採用され、初速110㎞/h時も600m以内に停止できる性能を示した。当時の地上設備の制約から営業運転で威力を発揮するのは少し後のことになるが、高速運転実現にあたり明るい技術的見通しを示したのである。

A弁を採用するなど日本独自の方式となったHSC－Dは、在来車との混結運転も可能なことやSMEEよりも保守が容易なことなどのメリットがある。初期高性能電車には発電ブレーキ併用の自動空気ブレーキを採用したものもあったが、後述する国鉄101系の誕生を契機に、昭和30年代以降に製作される高性能電車全般に普及していったのである。

営団300形のブレーキ装置。日本で最初に発電ブレーキ併用電磁直通ブレーキを採用した　所蔵：福原俊一

第2章　戦後の復興と高性能電車の誕生

営団地下鉄丸ノ内線300形。戦後復興のシンボル的存在だった　所蔵：福原俊一

戦後復興に貢献した63形電車
そして長距離列車の先駆け80系湘南形電車

ここで終戦間もない時期に時計の針を戻し、戦後の名車が誕生するまでの経過を振り返ってみたい。終戦とともに日本はGHQ（連合軍総司令部：General Headquartersの略称）による間接統治の占領行政下に置かれ、輸送業務はCTS（民間輸送司令部：Civil Transportation Sectionの略称）の監督下に置かれた。戦中の酷使と戦災により車両・施設が荒廃し、戦中期以上に稼働率が減った電車では、やむなく間引き運転が実施され、座席に立乗りするなど混乱の極みを呈した輸送復興のため、戦災から生き残ったメーカを総動員してモハ63形が増備され、国鉄だけでなく小田急電鉄、南海電鉄、山陽電鉄などにも割り当てられた。63形電車や運輸省規格型電車の増備、在来車の整備が軌道に乗り窓ガラス・ドアエンジンなどが整備された「復興整備電車」が登場した昭和22年以降は間引き運転もなくなり、戦後の混乱も終息

に向かうようになった。

明治5（1872）年の開業以来、国鉄は国の機関として運営されていたが、CTSの勧告で行政と事業を分けることになり、昭和24年6月1日に現業部門の公共企業体「日本国有鉄道」が発足した。10両以上の長大編成列車は機関車牽引によるのが不文律の時代に15両の長距離電車列車が実現することになり、翌25年3月にオレンジの塗分けも鮮やかな80系湘南形電車が東京－沼津・伊東間の営業運転に就役した。湘南形電車は、出入口にデッキを設けるなど都市近郊電車しかなかった当時の国鉄電車とは一線を画した客車並の車体設備、長大編成を考慮して中間電動車方式が採用された点が大きな特長で、後の電車列車の元祖となった。15両の長大編成でも迅速に作用するよう改良した空気ブレ―キ装置や、100km/hを超す高速運転実現に向けて発足した高速台車振動研究会による振動解析の成果を採り入れて左右動を軽減させた台車など、多くの新機軸を盛り込み、国鉄では機関車牽引列車の独壇場だった中長距離運転に電車が進出する先駆けとなった。

カルダン駆動車の草分け（東武5700系・京阪1800形）

我が国のカルダン駆動車のパイオニア・京阪1800形　所蔵：福原俊一

戦後復興とともに世情も落ち着きを見せて行楽に出かける余裕が生まれた。この需要に応えるため東武鉄道では浅草と日光・鬼怒川を高速で結ぶ新形ロマンスカーの開発に着手し、昭和26（1951）年に5700系を就役させた。世情の安定や蛍光灯技術の発達を背景に交流蛍光灯が採用され、この交流蛍光灯に電源を供給するため、東芝製の交流電動発電機が初めて採用された。高性能電車では交流蛍光灯は当たり前の装備となるが、5700系はその先駆けになったのである。翌27年度に5700系を3編成増備したが、うち2編成には直角カルダン駆動を採用し、形式上は5720系と区別された。電車としては最初のカルダン駆動実用車だったが、トラブルが続出したことから後年つりかけ式に改造されてしまう。これに懲りたのか、東武は大手私鉄のなかで通勤車両のカルダン化では後塵を拝することになった。

京阪電鉄も、戦後の復興を背景に昭和25年には天満橋－三条間で特急電車の運転を再開、28年には1800形を就役させた。1800形は京王2700系と同様、高抗張力鋼を多用して軽量化した全金属車体が採用され、第1陣2両の駆動装置にはWNと中空軸平行カルダンが採用された。やや古風な前頭デザインのためか今一つ地味だが、営団300形よりも4ヵ月早い28年6月に完成し、日本最初のWN・中空軸平行カルダン駆動実用車となったほか、コイルばねとオイルダンパを併用したKS-6台車が使用された点は技術史的に評価されてしかるべき車両といえよう。

昭和29年度に誕生した高性能電車（小田急2200形・東急5000系・南海11001形・阪神3011形）

昭和28（1953）年10月に第一陣が完成した営団300形は、翌29年1月から丸ノ内線で営業運転に就役したが、この年には歴史に名を残す高性能電車が誕生した。その先陣を切ったのが小田急2200形で、山本利三郎氏の主張で直角カルダン、HSC－D電磁直通空気ブレーキが採用されたほか、三菱電機が近鉄1450形で試作した1C8M制御が採用された。これにより発電ブレーキが高速域からでも動作が可能となり、小形高速回転の主電動機と電磁直通ブレーキにより加速度3.0km/h/s、減速度4.8km/h/sという高性能を実現したのだ。

小田急2200形が完成した2ヵ月後には、卵殻形車体のモノコック構造をはじめとした新機軸を盛り込み、東急電鉄の歴史に残る新鋭車5000系が誕生した。2200形は全電動車2両編成だったが、5000系は当時の東横線の編成に合わせて両端の電動車に付随車を組み込んだ3両編成とし、全電動車が主流だった初期高性能電車としては異色な存在であった。

小田急初の高性能電車となった2200形　写真：奥野利夫

南海は終戦間もない昭和21年に難波－和歌山市間の急行運転を復活したが、29年には同区間を60分で結ぶ特急電車の運転を開始した。この特急電車に充当されたのが新鋭の11001形で、転換クロスシートのほか読書用として荷物棚下部に側灯を設けるなど特急車両にふさわしい設備を提供した。全電動車2両（または2編成併結した4両）編成だが、駆動装置は直角カルダンが主流だった当時にあって、中空軸平行カルダンが採用された。

南海とともに明治年間から電車運転を開始していた阪神は、この年に30年来の宿願だった大形車が登場する。これが3011形で、18mの軽量車体にセミクロスシートを配置した3両の全電動車編成で、直角カルダンが採用された。

「米国を視察された野田忠二郎氏（技師長）が大形車の導入と直角カルダンの採用を指示されたのです。米国で故障したWNを多くご覧になったようで『直角カルダンはトロリーバスで実績があるではないか』というご指示でした」

と、阪神で3011形の設計に携わった廣井恂一氏は当時の経緯を語ったが、29年度高校野球選手権に間に合わせるべく阪神間の特急運転に就役した。車体裾が絞られるなど全体に丸みを帯び、軽量車らしい形態の3011形は、小形車ばかりの阪神にあってとりわけ目立ち、颯爽とした存在だったが、直角カルダンはご多分に漏れず初期故障が頻発した。車両部長だった田中小三郎氏の指示で技術陣が添乗したが、一日中飲まず食わずの添乗は大変だった

中空軸平行カルダンを本格採用した南海 11001 形　写真：奥野利夫

と、廣井氏は回想した。

昭和30年度に誕生した高性能電車（近鉄800系・名鉄5000系・相鉄5000系）

そうそうたる顔ぶれが揃った昭和29年の高性能電車に、勝るとも劣らない優秀車がこの年に誕生した。その先陣を切ったのが近鉄奈良線の800系で、1450形で試用されたシュリーレン台車を本格的に採用したほか、車体構造の設計・製作にシュリーレン社の技術を導入し、一層の軽量化を実現した。湘南スタイルの800系は同社の初期高性能電車の代表的存在となり、後述するラビットカーなどに発展する礎になった。

同年7月には東海道本線豊橋－大垣間で80系湘南形電車の運転を開始するが、これに対抗するため名鉄は豊橋－岐阜間の本線に転換クロスシートを装備した新鋭の特急電車を就役させた。この特急車両が同社最初の高性能電車となる5000系で、軽量車体はいうに及ばず平行リンク式台車・中空軸平行カルダン駆動・発電ブレーキ併用電磁直通空気ブレーキ（HSC－D）といった新技術が「完全セット」が盛り込まれた完成度は、登場時期が少し遅いものの評価されるべき存在といえよう。初期高性能電車のなかには従来と変わらない、古風ともいえるデザインで登場した車両もあったが、5000系は同社の顔であった3400系のイメージを踏襲しながら、丸みを帯びたスマートな湘南スタイルの洗練されたデザインが採用された。

コラム

近鉄高性能車の礎となった1450形と赤尾公之氏

昭和29年に誕生した高性能電車はそうそうたる顔ぶれが揃っているが、近鉄1450形も特筆すべき存在である。27年に新製されたク1560形の車体を流用した改造車のため影はやや薄いが、シュリーレン台車、WN駆動装置などの新機軸を盛り込んだだけでなく、三菱電機と近鉄が共同で開発した2両分8個の主電動機を一台の制御装置で制御する1C8M方式が採用された。

1C8M方式は主電動機を4個直列とする、つまり架線電圧1500Vでは設計の容易な端子電圧375Vにできることで発電ブレーキが高速域からでも可能になるだけでなく、従来の電動車では1両ごとに必要な制御装置が節約できるメリットをもっている。小田急2200形をはじめ後に誕生する高性能電車に広く採用されるこの方式は、近鉄の赤尾公之氏（後の同社常務取締役）が考案した。赤尾氏は近鉄を代表するラビットカー・ビスタカーの設計に携わるなど、戦後の電車の発展に多くの功績を残したが、1C8M方式の開発はその一つなのである。

赤尾公之氏　提供：近畿日本鉄道

1つの制御装置で2両の主電動機を制御する1C8M方式（ユニット方式）のパイオニアとなった1450形　写真：奥野利夫

阪神の特急車両として一時代を築いた3011形　所蔵：福原俊一

シュリーレン台車を本格採用した近鉄800系。車体色にはマルーンレッドを採用し、近鉄通勤車のイメージを一新した　写真：奥野利夫

横浜の西側に展開する相模鉄道も名鉄の5000系と同時期に意欲的な新鋭車を就役させた。これが湘南スタイルの5000系で、ボディーマウント方式が採用された。相鉄にとって戦後初の新車で、空気ブレーキ装置など一部を除いて日立一社で製作された5000系は、相鉄のイメージリーダーカー的存在となった。

軽量・連接構造の特急専用車　小田急SE車

戦後復興に伴い行楽客が増加し、小田急社内では新宿と箱根湯本を結ぶロマンスカーのスピードアップが要請されていた。地上設備増強の大きな投資を行うことなくスピードアップを実現するため、軽量高性能の新形特急車両の開発が昭和29年にスタートした。国鉄技術研究所の指導援助を得て設計が進められ、32年に小田急のみならず日本の電車にとってエポック的存在となる3000形が誕生した。SE（Super Exepress）車とネーミングされた3000形は高速運転を実現するため、8車体の連接構造、超軽量、低重心などの新機軸を盛り込み、常用最高速度125km/hの性能を実現した。

従来の特急車両は将来の一般車への格下げを考慮していたが、SE車は特急専用車という当時としては革命的な設計思想を導入した最初の車両で、定員荷重を限度として車体構造などの軽量化を徹底し、列車編成長あたり自重は、1.36ｔ/ｍという驚異的な軽量化を実現した。2200形で実用化されたHSC－Dが採用されたほか、高速域のブレーキ力に優れ、先進諸外国では既に戦前期から使用されていたディスクブレーキを日本の電車で初めて実用化した。当時は高価だった曲面ガラスを前面窓に使用した流線形の前頭部と、オレンジを基調にシルバーグレイと白線をあしらった斬新な外部色はSE車の特長になった。

新宿－小田原間の60分運転を目標に設計されたSE車は32年7月に営業運転に就役、それまで78分かかった同区間の運転時分を短縮させ、特急電車の全運用がSE車に置替わった34年には同区間を60分台まで短縮するなど小

初期高性能電車に採用された要素技術比較

要素技術		近鉄2250系	京阪1800形	営団300形	近鉄1450形
車　体	モノコック構造構体	○			
	両開扉	–	–	○	
軸箱支持装置（"－"は従来方式）		–	–	–	円筒案内
カルダン駆動		–	WN・中空軸	WN	WN
ブレーキ装置	電磁直通空気ブレーキ			SMEE	
	発電ブレーキ	○	○	○	○
製造初年度		1953年度			1954年度
特記事項					1C8M制御の嚆矢

日本の鉄道高速化に大きく貢献した小田急SE車（初代3000形）　写真：奥野利夫

田急のイメージアップに大きく貢献した。

SE車開発の立役者である山本利三郎氏は高速電車運転実現のため、相武台実験でカルダン駆動車を日本の鉄道で最初に走行させるなど、カルダン駆動や電磁直通ブレーキの実用化に尽力した。SE車の性能を見極めるべく、小田急は国鉄に高速試験を依頼、国鉄も高速試験を具体的に計画していた時期だったことから了承し、SE車が国鉄の東海道本線を走行する前代未聞の試験が実現の運びとなった。山本氏が交渉窓口責任者として陣頭指揮にあたったSE車の高速試験は32年9月に実施され、当時の狭軌鉄道世界最高速度

（前ページより続く）

阪神 3011 形	小田急2200形	南海 11001 形	東急 5000 系	近鉄 800 系	名鉄 5000 系	相鉄 5000 形
○		○	○	○	○	○
−		−			−	
−	平行リンク	−	−	円筒案内	平行リンク	−
直角	直角	中空軸	直角	WN	中空軸	直角
	HSC-D				HSC-D	
○	○	○	○	○	○	○
					1955 年度	
						ボディ マウント

国鉄新性能電車の礎となったモハ90形（後の101系） 所蔵：福原俊一

である145㎞/hをマークした。

国鉄モハ90新形通勤電車の誕生

私鉄高性能電車が続々と誕生していた頃、東京を中心とした大都市圏の通勤輸送は増大の一途をたどっていた背景から、国鉄においても加減速性能の向上、つまり車両の高性能化による輸送力増強が要望されるようになり、従来のつりかけ式通勤電車を見直しする気運が高まっていた。幹線電化の伸展に伴う新しい中長距離電車列車も念頭におき、これらにも適用可能なシステムを前提とした高性能電車の開発がスタート、私鉄高性能電車の実績も参考に国鉄の標準形を確立するための慎重な検討が進められ、1C8M方式（MM'ユニット方式）など多くの新機軸が盛り込まれることになった。駆動方式については

① 狭軌というハンディを背負っていること
② 通勤車両にとどまらず、将来的には中長距離電車にも適用できること

などを考慮して、歯数比の変更が容易で大出力電動機を搭載可能な中空軸平行カルダン方式が採用されることになった。高速運転が要求された私鉄高性能電車に対応するため多段式制御器が本格的に実用化され、その一つとして東芝製のPE制御装置が東急5000形で実用化されていた。国鉄が開発を進めた高性能電車にはPE制御装置の基本設計が継承され、三菱が小田急2200形で実用化した発電・空気ブレーキ協調機構など各社の技術で磨きをかけたCS12制御装置が採用された。

国鉄の新形通勤電車モハ90は、私鉄高性能電車で実用化されていた多段式制御装置・中空軸平行カルダン、そして発電ブレーキ・電磁直通空気ブレーキなどを集大成して昭和32(1957)年6月に誕生した。モハ90(後の101系)誕生当時、国鉄部内では高性能電車と称していたが、将来さらに高性能の電車が誕生する可能性もあることから、間もなく新性能電車と呼称されるようになった。

初期の高性能電車は両開扉を採用した例は多くなかったが、その後の輸送量増大や101系での採用を契機に普及していった。これら高性能電車の側出入口幅は1300㎜が採用され、現在もほとんどの通勤電車が採用しているが､そのルーツは営団300形･101系といえる。また101系のブレーキ装置は、国鉄部内ではSELDと称されるHSC-Dが採用された。日本の鉄道車両の空気ブレーキ装置は、三菱重工業と日本エヤーブレーキ（現在のナブテスコ）で製作されているが、私鉄各社は一般にどちらかのメーカを使用している。このため日本エヤーブレーキを採用している事業者は、三菱重工業が開発したHSC-Dを採用しなかったが、HSC-Dが採用された101系誕生を契機に私鉄高性能電車のほとんどがHSC－Dを採用するようになった。これも101系の隠れた功績のひとつといえよう。

２階建てビスタカー　近鉄10000・10100系

近鉄は大阪線と名古屋線で軌間が異なるため、大阪と名古屋を結ぶ近鉄特急は伊勢中川で乗換えが必要だった。近鉄は名古屋線を標準軌化して名阪直

米国の展望車を想起させるデザインの10000系。建築限界いっぱいに設計されている　写真：奥野利夫

二代目ビスタカーとして昭和34年に登場した10100系　所蔵：福原俊一

通運転を計画し、直通運転用特急電車として日本初の2階建て車両を投入、後に近鉄の代名詞となる「ビスタカー」が昭和33（1958）年7月に誕生した。

10000系ビスタカーは車両限界（車両のどの部分も超えてはならない上下左右の限界）をいっぱいに使って2階建て構造を実現し、車体設備には当時国産化されたばかりの複層ガラス、終端駅で簡単に方向転換できる回転式クロスシートなどの新機軸が採用された。編成は3車体連接構造の付随車を電動車ではさんだ7両で、平坦線での均衡速度（引張力と列車抵抗とが釣り合う速度）145km/hという高速運転を可能にした。

試作車的な意味合いを持った10000系がデビューした翌34年、近鉄は伊勢湾台風で被害を受けた名古屋線を復旧する際に標準軌への改軌を当初の予定より繰り上げて実施し、名阪直通特急の運転を同年12月から開始した。同社にとって長年の悲願だったこの名阪直通特急用として、2階席の居住性などを改良した新ビスタカー10100系が就役した。

10100系は初代10000系と同様に連接車体が採用されているが、輸送量に応じて3·6·9両の編成が組めるよう、中央が2階建て構造の3車体4台車連接構造に変更され、両端の前頭部は曲面ガラスを採用した流線形非貫通タイプと丸妻貫通タイプの2通りが製作された。運輸省の特認により車体断面積を大形化して、定員の増加と併せて居住性が改良され、車両ごとに異なる色

日本初の長距離電車となった151系。長らく国鉄特急形電車のスタンダードとなった　所蔵：福原俊一

彩や平面光源のように見える光天井照明など建築デザインの思想を採り入れ、インテリアデザインも改良された。先述の小田急SE車は軽量化に有利な小窓が採用されたが、ビスタカーでは鉄道旅行の良さを提供できる展望性の良い1500㎜幅の大窓が採用された。初代10000系に比べてデザイン的に洗練された10100系ビスタカーは、34年12月の営業運転開始以来その実力を遺憾なく発揮し、SE車・こだま形とともに日本の看板列車となった。

電車史上屈指の名車 こだま形

戦後の復興を背景に幹線輸送量も増大の一途をたどっていたため、全線電化が目前に迫った昭和30（1955）年頃から東海道本線の特急増発が検討されるようになった。全線電化の成果を活かすため、従来の「つばめ」「はと」よりもスピードアップし日帰り運用を可能とする構想であった。当初は従来の特急列車と同様に機関車牽引方式で検討されたが、現状以上の速度向上は地上設備増強等に莫大な投資が必要で事実上不可能なことが分かり、代わって電車列車による計画が具体化していった。当時の国鉄部内では、電車列車は乗心地が悪いうえに騒音も大きく長距離列車の使用には不向きといった、現在から見れば信じられない偏見が根強い時代だったが、これからの国鉄は電車列車が背負って立つという技術陣の固い信念がこれら障壁を乗り越えて、電車特急の運転がトップ方針として決定した。

ビジネス旅行に便利ということから「ビジネス特急」とネーミングされた特急電車は、101系に採用された制御装置など新設計の電気機器を用いて、複層ガラスなど防音に配慮した車体構造、空気ばね台車など数多くの新機軸が盛り込まれた。当時の客車特急「つばめ」「はと」は1等車（展望車）と食堂車以外は冷房化されていなかったが、ビジネス特急は全車両冷房化されるなどサービス向上が図られ、スタンド形式のビュフェなど、新時代の特急列車にふさわしい設備が提供された。

公募されたビジネス特急の列車愛称名は、東京－大阪を日帰り運転するイメージにぴったりの「こだま」に決定、これにちなんで「こだま形」と呼ばれるようになった151系は昭和33年9月に完成､11月から東京－大阪（神戸）間で営業運転を開始するや　従来の機関車牽引の特急列車よりも格段に優れた性能と静かで快適な乗り心地を示し、スピード感あふれる優美なデザインや一歩先取りした設備とあいまって爆発的人気を持って迎えられた。こだま形と同時に準急用として153系東海形も誕生、中長距離列車の電車化が本格化し、蒸気機関車から電車王国へ国鉄が転換する端緒についたのである。

本格的高性能電車の誕生
（近鉄6800系・阪神5201形・京阪2000系・小田急2400形）

大都市圏近郊輸送では全列車の運転速度が等しい「平行ダイヤ」と、各停列車が速達列車を待避する「追越しダイヤ」がある。追越しダイヤでは各停列車の表定速度を上げれば全体的にスピードも上がり、列車本数も増やせることから、近鉄と阪神がこの試みに挑戦した。通勤客が増加して慢性的に遅延が生じていた近鉄南大阪線に、6800系が昭和32（1957）年に就役した。20m級車体の両開4扉構造を私鉄電車で最初に採用した6800系は、南大阪線の輸送上のネックだった阿部野橋－矢田間各停列車の運転条件に適した高加減速度が選定され、起動・減速時に乗客がよろめかないよう4列の吊革が設けられた。兎のように素早い高加減速性能を持つことから「ラビットカー」とネーミングされ、大きな円形で構成した前頭部には視野を広くとった前面窓上部に2灯のヘッドライトが並んだデザインは同社の通勤車両の原形になった。

登場当時の近鉄6800系ラビットカー。高加速・高減速運転を可能とし、輸送改善に大きく貢献した
所蔵：福原俊一

登場当時の6800系の室内　所蔵：福原俊一

一方、29年に大形高性能電車3011形が就役していた阪神は、国鉄・阪急との対抗上速達列車をスピードダウンさせずに輸送力を増強するため、各停列車の高加減速化が必要であった。高性能各停列車の開発を27年から進め、33年に5001形が就役した。「ジェットカー」とネーミングされた5001形は、3011形と同じく湘南スタイルで、車内は立ち客の転倒防止を兼ねてセミクロスシートが採用され、シカゴ高速電車に範をとった高加減速性能が選定された。続いて誕生した量産車の5101・5201形では、増結などを考慮して前頭部は貫通形状に、車内はロングシートに変更された。

5201形では青とクリームの塗分けが採用され、同時期に誕生した特急・急行用3501形が赤とクリームの塗分けと併せて、特急・急行用「赤胴」、各停用「青胴」のカラーリングが確立。またジェットカーでは、他社の通勤車両より少し広い1400㎜幅の両開き扉が採用され、この出入口幅は同社の標準として長く継承された。

他社と同様に通勤輸送力の増強に迫られていた京阪も通勤車両に高性能車

阪神の初代ジェットカー（5001形）。加減速度の高さで駅間距離の短い阪神の輸送改善に貢献した　写真：奥野利夫

を投入する。「スーパーカー」と通称された2000系で、卵殻形の軽量車体、窓上部に2灯のヘッドライトが並んだ前頭デザインなどは同社の通勤車両の原形になった。特急車両と同様に空気ばね台車が採用されただけでなく、広範囲の速度制御と回生ブレーキを常用するため補償巻線付複巻電動機が採用された。回生ブレーキは戦前期に京阪50形などで抑速用として実用化されていたが、停止ブレーキでの使用は技術的問題から実現が難しかった。スーパーカーでは磁気増幅器を用いて適切なブレーキ力が得られる制御装置の採用により停止用回生ブレーキを実用化させた。

小田急は2200形の増備が続けられていたが、全電動車編成のため製作費も高いことから、経済性を重視した通勤車両が要望されるようになった。こうして誕生したのが2400形で、High Economical carに由来してHE車とネーミングされた。HE車は前述の2300形増備車（2320形）で試用された両開き扉を本格的に採用し、2灯1組のヘッドライトなど同社の通勤車両の前頭デザインを確立した。電動車と付随車で編成されるMT編成が採用されたが、当時は地上設備の関係で列車長70mの制約があり、M車とT車の車体長を検討した結果、軸重が大きく空転防止効果が大きいことなどの理由からM車とT車で全長が異なる編成になった。主電動機出力は120kWと当時の狭軌WNでは最大出力が採用され、制御装置にはバーニヤ制御が採用されるなどの先端技術が盛り込まれた。

全車両に空気ばね台車が使用された京阪2000系。後年の複電圧化改造で2600系に改造されたが、その一部は平成29年現在も現役　所蔵：福原俊一

経済性を重視して2M2T化された小田急2400形。116両が製造され昭和末期まで主力車として活躍した　所蔵：福原俊一

ここに紹介した車両は、現在にいたる各社の通勤車両の基本形態を確立した。ジェットカーはジェット機が脚光を浴びていた当時に野田忠二郎氏がネーミングしたと廣井氏は経緯を語ったが、航空機の開発が禁じられていた当時の日本にあって、外国から「ジェットエンジンを積んだ電車を作ったのか」と照会があったというエピソードを残した。いずれも魅惑的なひびきを込め

阪神5201形の5201・5202。同社初のセミステンレス車が採用され「ジェットシルバー」と呼ばれた　所蔵：福原俊一

たネーミングは、近代化に向けて名車を創り出そうとする各社の意気込みを象徴している。特急車両のような派手さはないが、電車史上忘れてはならない強者たちである。

南海初のステンレス車となった6000系。一部は平成29年現在も現役　写真：奥野利夫

昭和53年に撮影された東急ステンレスカー各形式勢ぞろいの図　写真：内田博行

オールステンレス車の誕生（東急7000系・南海6000系・京王3000系）

昭和33年に東急5200系スキンステンレス車を製作した東急車輛は、ステンレス車製作実績の豊富な米国・バッド社と交渉を重ね、34年12月に世界で８番目となる技術提携契約を締結した。バッド社の技術を導入し東急車輛で製作されたオールステンレス車が37年にお目見えした。

オールステンレス車の第一作は東急電鉄が東横線と営団日比谷線との相互直通運転用に増備した7000系で、バッド社が製作したフィラデルフィアの地下鉄電車（PTC）をモデル車種として設計が進められた。生産用の工作機械だけでなく当初はステンレス構体の材料も米国から輸入するなどの苦労もあったが、日本最初のオールステンレス車の栄を担った7000系は37年１月に完成した。7000系は少し奥まった前頭部貫通扉や通風器など外観は上述のPTCのイメージが踏襲され、バッド社と技術提携したパイオニアⅢと称する軸ばねのない構造の空気ばね台車が採用された。

オールステンレス車は東急7000系に続いて南海高野線6000系・京王井の頭線3000系が37年に誕生、その後も東急7200系・南海6100系・静岡鉄道1000系などに採用され、昭和40年代後半までに500両を超える両数が生産された。オールステンレスの技術は昭和50年代に軽量ステンレス車に発展し、平成28年3月現在では日本の旅客車の約半数にあたる25000両にいたる隆盛を誇っている。

アルミニウム合金車の誕生（山陽2000系・北陸6010系・国鉄301系）

昭和30年代には軽量構造車体が普及したが、一層の軽量化が要請されるようになった。川崎車輌（現在の川崎重工業）は抜本的な車体軽量化が実現できるアルミニウム合金車を意図し、その製作実績を持つ西ドイツ・WMD社と35年に技術提携した。川崎車輌とWMD社との技術提携が成立する頃、山陽電鉄では高性能電車として2000系が既に就役していたが、スキンステンレスとアルミ合金を比較するため、双方の車体構造の採用を決定、こうして日本最初のアルミ合金車である山陽電鉄2000系1編成が誕生した。

当時の諸外国のアルミニウム合金車ではリベット組立も少なくなかったが、日本では平滑な外板表面が好まれることを考慮して山陽2000系アルミニウム車は溶接組立を基本とした。溶接組立後の外板仕上げはワイヤーブラシを回転させて丸紋付き加工し、魚の鱗に似た紋様は日本的なイメージの外観は2000系アルミニウム合金車の象徴にもなった。

山陽2000系に続いて翌38年には北陸鉄道6010系が、41年度には国鉄301系などが誕生した。アルミニウムの技術はその後ダブルスキン構造に発展し、平成28年3月現在では軽量化が要求される新幹線電車をはじめ約16000両に採用されている。

山陽電気鉄道は早くからアルミ・ステンレス車の開発を進めた。一番右が日本初のアルミ車2000系（2012編成） 写真：交友社

第3章　戦後の名車を訪ねて

東京地下鉄(帝都高速度交通営団)300・400・500形

西日本鉄道313形

熊本電気鉄道5100形

東京急行電鉄7700系

山陽電気鉄道2000系　写真：堀田和弘

長野電鉄2000系　提供：日本車輌製造

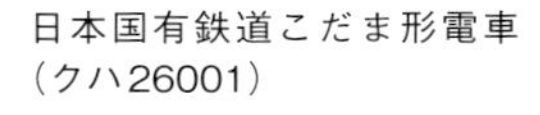

日本国有鉄道こだま形電車
(クハ26001)

東京地下鉄(帝都高速度交通営団)

300・400・500形

取材日：平成29年9月4日/11月27日

営団地下鉄の300形。その技術がその後の日本の電車に与えた影響は大きい　所蔵：福原俊一

東京地下鉄は、東京都区部を中心に9路線195.1㎞の地下鉄を運営し、首都東京の都市機能を支えている。ブエノスアイレスから平成28（2016）年に里帰りした500形の復元作業を進めている同社の車両基地を訪れた。この500形は、東京地下鉄の前身である帝都高速度交通営団が昭和29（1954）年1月に開業した丸ノ内線に投入した300形グループの一員である。

戦後最初の地下鉄新線として開業した営団丸ノ内線用の車両は、①性能は欧米諸国の新しい地下鉄道にも劣らない優秀なものとすること、②鉄道の近代化に応じた斬新な構想を取り入れること、③数十年後も見劣りしないだけの性能と感覚を持たせること、を目指して開発がスタート、当時最新鋭だったニューヨーク地下鉄電車の電気機器・ブレーキ装置の技術を導入して製作された。赤い車体の両開扉、白い帯にステンレスのサインウェーブという斬新ないでたちの300形は、経済白書より一足早く「戦後の終わり」を告げた、日本の電車史に一大エポックを記した強者である。

丸ノ内線新形車両の画期的構想

ここで300形電車の技術的特徴を述べる前に、活躍の舞台となった丸ノ内線を簡単に紹介したい。戦後の混乱も終息したころ、郊外私鉄から都心へ向かう通勤客が乗り換える山手線各ターミナル駅の乗降客は増加の一途をたどり、昭和25（1950）年当時の池袋では戦前期に比べて1.5倍に達していた。この混雑を緩和するため、戦災復興院告示「東京復興都市計画高速鉄道網」に基づき、池袋－神田（後に御茶ノ水に変更）間の建設が昭和24年に決定した。この路線の開業に伴い、営団は既存の渋谷－浅草間との２路線の営業となるため、開業直前の昭和28年12月に丸ノ内線・銀座線の路線名称を決定した経緯があるが、余談はさておき当時の営団は鈴木清秀氏（当時総裁）をトップに、東義胤氏（当時理事）が運転・車両を分掌していた。鉄道省出身の東氏は東海道線電化に携わった後、ニューヨーク地下鉄で保安装置について学ぶなど、運転業務全般にわたり優れた見識をもつ技術者で、丸ノ内線車両の開発も東氏をリーダとする体制でスタートした。

丸ノ内線は今後の地下鉄道の基本になる新線なので、従来の銀座線との車両の共用は考慮せずに新しい見地で構想を進め、性能は欧米諸国の新しい地下鉄道にも劣らない優秀なものとすることなど先述の構想を固め、本格的な

丸ノ内線起工式の様子。都心部の輸送改善を目的に、銀座線に続く東京第二の地下鉄として建設された
提供：（公財）メトロ文化財団

NEW YORK CITY TRANSIT SYSTEM
"IND" DIVISION

PASS. CARS - Nos 1803-1852 & 3000-3349
CONTRACT R-10

39,500 LBS. WITH ORIGINAL TRUCKS
40,600 LBS. WITH REPLACEMENT TRUCKS
TOTAL 79,000 LBS WITH ORIGINAL TRUCKS / 81,200 LBS WITH REPLACEMENT TRUCKS

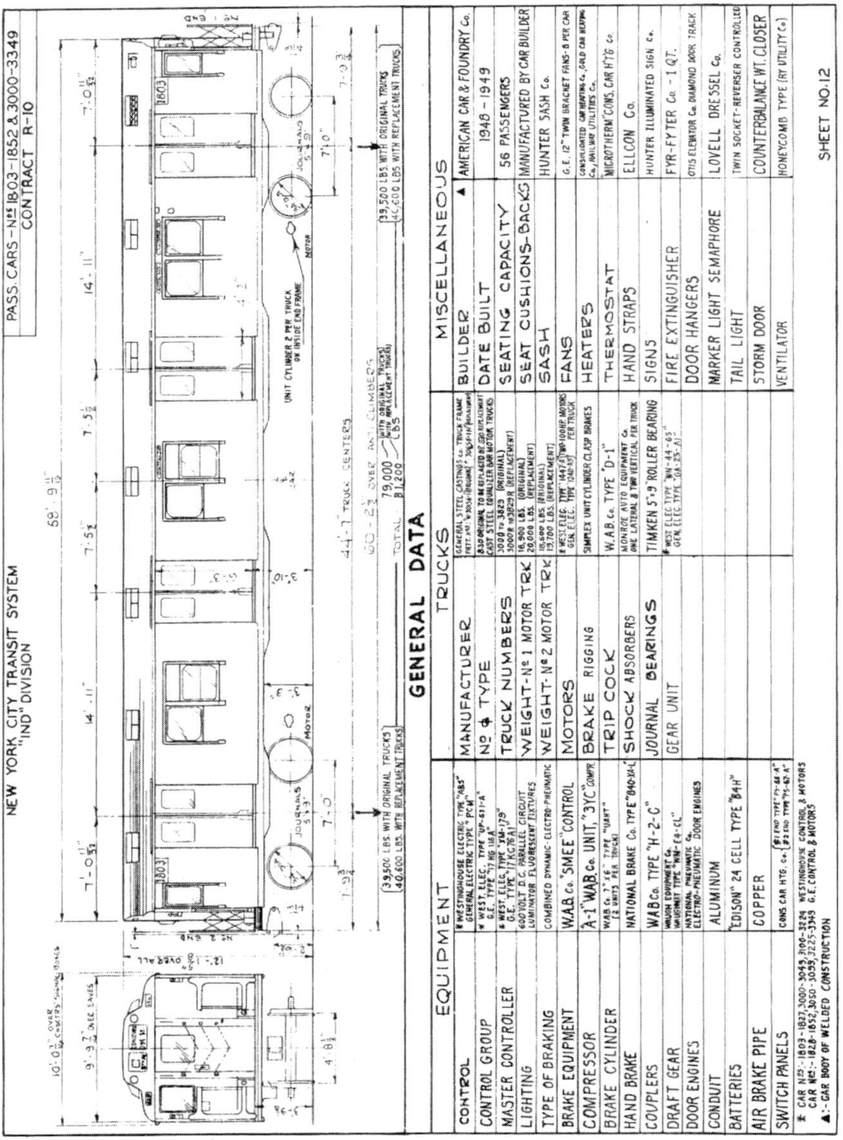

GENERAL DATA

EQUIPMENT		TRUCKS		MISCELLANEOUS	
CONTROL	* WESTINGHOUSE ELECTRIC TYPE "ABS" GENERAL ELECTRIC TYPE "PCM"	MANUFACTURER	GENERAL STEEL CASTINGS Co. TRUCK FRAME PATT. Nos: W-30156 (ORIGINAL) & 30158-1N (REPLACEMENT)	BUILDER ▲	AMERICAN CAR & FOUNDRY Co.
CONTROL GROUP	* WEST. ELEC. TYPE "UP-631-A" G.E. TYPE "17 KG 116A"	No & TYPE	830 ORIGINAL TO BE REPLACED BY 830 REPLACEMENT CAST STEEL EQUALIZER BAR MOTOR TRUCKS	DATE BUILT	1948 - 1949
MASTER CONTROLLER	* WEST. ELEC. TYPE "XM-179" G.E. TYPE "17KC76A1"	TRUCK NUMBERS	3000 to 3829 (ORIGINAL) 3000R to 3829R (REPLACEMENT)	SEATING CAPACITY	56 PASSENGERS
LIGHTING	600 VOLT D.C. PARALLEL CIRCUIT LUMINATOR FLUORESCENT FIXTURES	WEIGHT - No 1 MOTOR TRK	16,900 LBS. (ORIGINAL) 20,000 LBS. (REPLACEMENT)	SEAT CUSHIONS-BACKS	MANUFACTURED BY CAR BUILDER
TYPE OF BRAKING	COMBINED DYNAMIC-ELECTRO-PNEUMATIC	WEIGHT - No 2 MOTOR TRK	18,600 LBS. (ORIGINAL) 19,700 LBS. (REPLACEMENT)	SASH	HUNTER SASH Co.
BRAKE EQUIPMENT	W.A.B. Co. "SMEE" CONTROL	MOTORS	* WEST. ELEC. TYPE "1447-A" GEN. ELEC. TYPE "1240-A3" TWO 100HP. MOTORS PER TRUCK	FANS	G.E. 12" TWIN BRACKET FANS - 8 PER CAR
COMPRESSOR	"A-1" W.A.B. Co. UNIT, "3YC" COMPR.	BRAKE RIGGING	SIMPLEX UNIT CYLINDER CLASP BRAKES	HEATERS	CONSOLIDATED CAR HEATING Co., GOLD CAR HEATING Co., RAILWAY UTILITIES Co.
BRAKE CYLINDER	W.A.B. Co. 7" X 6" TYPE "UANT" (2 UNITS PER TRUCK)	TRIP COCK	W.A.B. Co. TYPE "D-1"	THERMOSTAT	"MICROTHERM" CONS. CAR H'T'G Co.
HAND BRAKE	NATIONAL BRAKE Co. TYPE "840-XA-L"	SHOCK ABSORBERS	MONROE AUTO EQUIPMENT Co. ONE LATERAL & TWO VERTICAL PER TRUCK	HAND STRAPS	ELLCON Co.
COUPLERS	W.A.B. Co. TYPE "H-2-C"	JOURNAL BEARINGS	TIMKEN 5"×9" ROLLER BEARING	SIGNS	HUNTER ILLUMINATED SIGN Co.
DRAFT GEAR	WAUGH EQUIPMENT Co. WAUGHMAT TYPE "WM-E4-CL"	GEAR UNIT	* WEST. ELEC. TYPE "WN-44-65" GEN. ELEC. TYPE "GA-25-A1"	FIRE EXTINGUISHER	FYR-FYTER Co. - 1 QT.
DOOR ENGINES	NATIONAL PNEUMATIC Co. ELECTRO-PNEUMATIC DOOR ENGINES			DOOR HANGERS	OTIS ELEVATOR Co. DIAMOND DOOR TRACK
CONDUIT	ALUMINUM			MARKER LIGHT SEMAPHORE	LOVELL DRESSEL Co.
BATTERIES	"EDISON" 24 CELL TYPE "B4H"			TAIL LIGHT	TWIN SOCKET-REVERSER CONTROLLED
AIR BRAKE PIPE	COPPER			STORM DOOR	COUNTERBALANCE WT. CLOSER
SWITCH PANELS	CONS. CAR HTG. Co. {#1 END TYPE "PS-66-A" #2 END TYPE "PS-67-A"}			VENTILATOR	HONEYCOMB TYPE (RY UTILITY Co.)

* CAR Nos:- 1803-1827, 3000-3049, 3100-3224 WESTINGHOUSE CONTROL & MOTORS
CAR Nos:- 1828-1852, 3050-3099, 3225-3349 G.E. CONTROL & MOTORS
▲:- CAR BODY OF WELDED CONSTRUCTION

SHEET NO. 12

ニューヨー地下鉄の R10 形の図面と諸元。300 形には本形式の制御装置、駆動装置、ブレーキ装置などの各種技術が導入された　出典：www.nycsubway.org

審議検討に着手した。

「当時は徐々に先進諸外国の技術情報が入手できるようになっていました。調査してみると戦後間もない時期に新製されたニューヨーク地下鉄電車がほぼ理想的で、丸ノ内線の運転条件に合致することが分かったので、この車両の電気機器・ブレーキ装置を製作したウェスチングハウス（WH）社に資料提供を依頼しました」

と、当時の営団車両課で300形の電気機器設計を担当した望月弘氏は経緯を語った。一方、昭和26年4月にWH社との技術提携契約が復活した三菱電機は、ニューヨーク地下鉄電車の詳細資料を入手していた。三菱電機にとって営団は前身の東京地下鉄道時代からの「得意先」であり、また三菱電機の関義長氏（当時副社長）が東氏と旧知の仲だったこともあって、同社伊丹製作所・松田新市氏（当時課長）が東氏にニューヨーク地下鉄電車の技術情報を紹介するなど積極的に協力していた。ニューヨーク地下鉄は戦後間もない1948年度から、WH社製とGE社製の制御装置・駆動装置、WH社製の電磁直通空気ブレーキ装置を採用したR-10形（18m級車）・R-12形（16m級車）などを量産していた。

「ニューヨーク地下鉄電車の制御装置は、現在では当たり前となりましたが、積空差に関係なく一定の加速度が得られる応加重装置を採用するなど当時としては最新鋭でした。また、WN駆動は軸距が小さく動力伝達も円滑で、軸の偏心や傾きに対する自由度が大きいので、曲線の多い地下鉄にとって有利と考えられました」

と、望月氏は語ったが、営団が詳細な調査研究を進めた結果、R-10形などのWH社製単位スイッチ式制御装置・WN駆動装置、SMEE電磁直通空気ブレーキ装置を適用すれば、たとえばブレーキ弁の単一操作で発電・空気ブレーキ双方を制御でき、運転取扱い上も容易に行えることなど、従来の課題も解決できることが確かめられた。

東 義胤氏　出典：「丸ノ内線建設史」

しかしWH社の技術を導入して国内で製作する場合は特許使用料、いわゆるロイヤリティを支払う必要がある。特許使用料を考えると、実績のある新しい国産技術を集積して使用した方が価格面では得策である。事実、WH

社の技術を導入した場合は約1割高価になることが分かったが、東氏をはじめとする首脳陣の「日本工業界10年の空白を埋め、かつ将来の車両製作技術の向上に裨益（ひえき）する（役に立つこと）ところ大ならば、多少高くとも…」という英断によりWH社の技術導入が決定した。戦後復興のなか、先進諸外国に追いつき追い越せという意識と息吹が漲っていた時代を象徴していた。

「東理事からは『金の心配はするな』とご助言もいただきました。それと銀座線の車両と共用を考えないので、万一故障が続出した場合は国鉄さんのように他線区から応援はできません。だからニューヨーク地下鉄で良好な実績のある機器と同じものを作るというのが、東理事のお考えでした」と望月氏が語った思い出は、東氏が鉄道省時代に「日本で最も優れた運転屋」と評されていたことを裏付けていた。

関係者が一丸となって取り組んだ300形の設計製作

丸ノ内線用電車300形に採用された単位スイッチ式制御装置・WN駆動装置、SMEE電磁直通空気ブレーキ装置は、WH社から提供された技術情報に基づいて三菱電機・三菱重工業（WN駆動装置は住金）が設計・製作を進めたが、多くの難関が立ちはだかった。

「WH社から提供された図面を見て目を見張った。設計数値はもちろん材料や工作法も約20年の開きがあると思った」と三菱電機の松田氏は述懐している。主電動機の製作にあたっては材料の輸入も検討されたが、関係メーカの尽力もあって国内で製作することができた。従来と比較して約2倍の高速回転数の性能をもつ新形主電動機の試作品が三菱電機伊丹製作所で完成したとき、営団関係者が立ち会って高速試験を行うこととなった。万一の事故で営団関係者がケガしてはならないという配慮から、設計者・製作者の順番で「人間防護壁」を作ったというエピソードを松田氏は述懐している。

一方、SMEEのブレーキ部品は新三菱重工業（現在の三菱重工業）三原車両製作所が担当

300形のブレーキ制御（作用）装置　出典：「丸ノ内線建設史」

300形の単位スイッチ

300形の制御装置　出典：「丸ノ内線建設史」

300形の電動台車
ＦＳ301形　所蔵：
福原俊一

したが、ウェスチングハウス・エア・ブレーキ（WABCO）社は、当時の日本の技術では最新鋭のSMEEを製作できないと考えて購入するよう勧め、同社が製作に最も苦心したブレーキ制御装置（作用装置）の管取付座（管座）の図面を送ってきた。当時の管座は鋳造の一体品で、精密な鋳造技術が要求されるため、これを見れば製作を断念するだろうと考えた技術者としての良心の配慮だったが、三原車両製作所は一丸となって取組み、製作可能なことをWABCO社に実証した。その出来ばえを認めたWABCO社は三菱重工業の技術を信頼し、以後は図面が円滑に提供されるようになったという。

300形の設計が進められていた昭和27（1952）年8月、鈴木氏（総裁）と東氏（理事）は、欧米の地下鉄とWH社の工場などを視察した。ロンドンを訪れた鈴木氏は、ストックホルムから来たという観光バスのステンレスの波模様を指さして「あれを電車に付けたらどうだろう」と言った。あまりにも突飛なので、東氏は「面白いですね」とその場をすませたという。その後ロンドンから移動する飛行機内で、鈴木氏は買ったばかりの真っ赤な煙草ケー

小石川車庫に向けて、キリシタン坂（東京都文京区）を陸送される300形　所蔵：福原俊一

スをじっと見つめて「この色にステンレスの波模様を付けたらどうかな」と言った。鈴木氏の指示では従わないわけにはいかない、大変なことになったと東氏は回想しているが、帰国後すぐ東京芸術大学に依頼して真紅に白い帯、ステンレスのサインウェーブ模様ができあがった。経済白書より一足早く「戦後の終わり」を告げるにふさわしいインパクトをもったデザインはこうして生まれた。

300形の設計に先立ち、参考品にということで営団は電気機器とブレーキ装置一式を輸入した。外貨不足もあって簡単に輸入できない時代だったというが、輸入品が横浜港に届いたので、望月氏は埠頭に赴いて梱包を解いた。

「従来の電車の部品とまったく異なり、どれがどの部品か皆目分からず、大変な驚きとショックを感じたことを昨日のことのように覚えています」

と、当時の思い出を語った。輸入品も参考にしてメーカ各社で設計・製作の目途がつき、丸ノ内線開業前年に完成した銀座線用1400形に取付けて長期試運転を行った。これに続いて、昭和28年10月には待望の300形第１号車が丸ノ内線の車両基地小石川車庫に搬入された。試運転が開始された12月には開業時の陣容である全30両が勢揃いしたが、WH社の技術を導入し

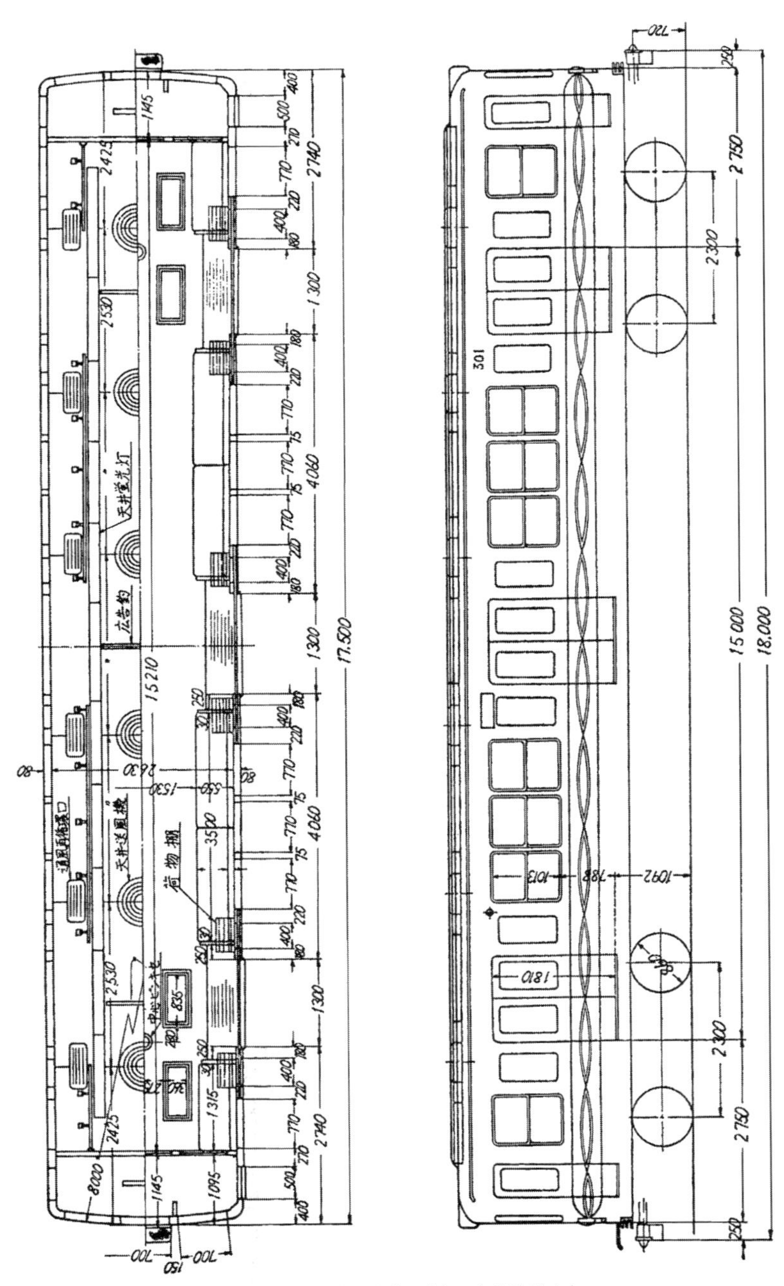

帝都高速度交通営団300形　形式図（竣工時）　出典：「丸ノ内線建設史」

地下鉄電車では初の高性能車となった300形（竣工当時）。僚車の400形・500形とともに、平成初期まで活躍を続けた　所蔵：福原俊一

て製作したＭＧ（電動発電機）のトラブルが続出した。

「電動発電機の電動機も従来のものに比べて回転数が高いので、パンクしてしまったのです。古い話なのでお話しますが、三菱電機では急遽作り直し、開業までに30両の電動発電機を取替えました。三菱電機の努力のおかげで、営業運転後は大きなトラブルを出さずにすみました」

と、望月氏は舞台裏を語った。300形実現の陰には、関係者が一丸となって成し遂げた幾多のブレークスルーが隠れていたのである。

300形の営業運転開始そして400・500形の増備

こうして昭和29（1954）年1月20日、丸ノ内線が開業して300形が営業運転に就役した。初日の池袋駅は臨時出札所を一時設けるほどの混雑ぶりだったと当時の新聞は報じたが、満員の乗客を乗せて颯爽と駆け抜ける300形を眼にした松田氏は、戦後は終った、日本経済は発展期に入ると強い感激を覚えたと述懐している。

「各産業の技術的水準が欧米諸国に後れている時代に、せめて電鉄部門に新技術を導入し、技術水準を引き上げたいという思いで皆が取り組みました。丸ノ内線が開業間もなく、国鉄をはじめ各社で競うように高性能電車が製作されますが、300形で開発した技術がその先鞭をつけたと、多少ながら自負しております」

丸ノ内線第一期区間（御茶ノ水ー池袋間）の開業式典。テープカットをしているのは鈴木氏（当時総裁） 提供：（公財）メトロ文化財団

丸ノ内線開業ポスター 出典：「丸ノ内線建設史」

小石川車庫で撮影された300形入線時の様子 所蔵：福原俊一

500形竣工当時の室内。当初は跳ね上げ式（リコ式）のつり手が使用されていたが、その後一般的な方式に交換されている　所蔵：福原俊一

と、謙遜しながら望月氏は語った。丸ノ内線開業を告げるポスターに記された「世界に誇る最新車」の一文には、東氏（理事）をはじめとする関係者の思いが込められていたのである。

丸ノ内線はその後も延伸工事が続けられた。昭和31年の御茶ノ水－東京間開業用に増備されたのが400形で、300形の二重屋根を1段屋根に変更、台車の改良などにより300形に比較して約5tの軽量化が図られた。続く34年3月の丸ノ内線池袋－新宿間開業用に増備されたのが500形で、輸送量の増加を考慮して従来の両運転構造から片運転台構造に変更された。500形増備車（645号車以降）では、正面行先表示器サイドに設けていた方向表示灯が廃止されるなど外観に変化がみられるが、最終的に234両が製作され、

開業から間もない後楽園駅に入線する300形　所蔵：福原俊一

300形グループの主力形式となった。

昭和40年代に増備された中間車の900形を含めて総勢320両まで成長した300形グループは、当初の設計思想通り40年にわたって見劣りすることなく丸ノ内線で活躍を続けた。しかし昭和63年度から後継車02系の投入が開始され、同年度から廃車がはじまった。平成6（1994）年度には丸ノ内線本線（池袋ー荻窪間）から撤退、廃車車両のうち約100両がアルゼンチン・ブエノスアイレスへ渡った。方南町支線に残ったグループも翌8年7月に02系に置替わって引退、40年以上の長きにわたる活躍の歴史に終止符を打った。

500形復元の経緯と現況

300形グループのトップナンバー301号車は、平成元（1989）年11月に廃車後も解体されずに残り、平成15年からは東京・葛西の地下鉄博物館にその技術的遺産と功績を讃えるかのように保存されている。

一方、ブエノスアイレスに譲渡された500形の一部車両が、引退を機に平成28年7月に里帰りすることになった。東京地下鉄では、日比谷線で活躍を続けた3000系が第二の職場の長野電鉄から里帰りし、社員教育用として動かせる状態で保存されているが、500形も3000系と同様に動かせる状態で保存の予定と報道された。復元工事が進められている車両基地にお邪魔する前に、東京地下鉄本社を訪ねて留岡正男氏（取材当時常務取締役）にお話をうかがった。

「平成26年のことですが、ブエノスアイレス地下鉄公社の車両部長が01系譲受の話で来日されました。01系譲渡は実現しなかったのですが、このときに里帰りの話がはじまりました」

と、留岡氏は里帰りにいたる経緯を語った。500形の単位スイッチ式制御装置・WN駆動装置、SMEE電磁直通空気ブレーキ装置は、インバータ制御車と比較するとシンプルな構造で分かりやすく、若手社員が電車の基礎を学ぶ教材に適していることから、動かせる状態で保存することにしたと補足した。21世紀のインバータ車の技術的基礎となった300形グループの保存は技術伝承としての意図も持っていることが伝わってきた。当初は3両の予定だったが、部品確保の予備車1両も含めて584・734・752・771号車の4両が28年7月に里帰りし、復元工事がスタートしたが、経年60年の「古豪」であり、

ブエノスアイレスB線の500形。南米の地で23年にわたって活躍している　写真：杉林佳介

車両の状態が気になる。この点を聞いてみると、

「外観はサインウェーブのラインが切れていたりしますが、主回路システムはよく整備されていて、ブエノスアイレスのメンテナンス水準の高いことが分かりました。台車も経年で亀裂が入っているのを修復した企業の銘板が付けられていました」

と、留岡氏は語った。鉄道はシステム工学の所産といわれる、鉄道車両も設計・製作技術だけでなく運転技術やメンテナンス技術などで総合的に成り立つシステム工学で、何か一つが欠けても運転を続けることはできない。その意味ではブエノスアイレス地下鉄公社と関係メーカのメンテナンス技術が高い水準にあったからこそ、日本から嫁いで20年にわたって使用できたのだ。そうはいっても寄る年波は隠せず、腐食した外板やキーストンプレート（台形状に成形した床板）の取替えなどを施行しているとのことだった。

留岡氏からお話をうかがった後、復元工事を進めている車両基地にお邪魔し、増澤富士雄氏（取材当時技術課長）にご案内いただいて、車体がきれいに塗り直された500形と対面した。復元工事を施行しているのは3両で、①500形誕生当時の時代（584号車）、②500形末期の時代（734号車）、ブエノスアイレス地下鉄の時代（771号車）の状態に復元を進めていると増澤氏は説明してくれた。増澤氏は入社当初から500形の保守を担当し、ブエノスアイレス地下鉄への引渡しに従事、そして今回の復元にも携わることになった。

「アルゼンチンに旅立つ最後の編成を埠頭で見送ったのは、平成8年7月

復元作業途中の 500 形の車内（16 ページ参照）提供：東京地下鉄

771 号は 20 年在籍していたブエノスアイレス時代の室内を復元する（16 ページ参照）提供：東京地下鉄

だったのを憶えています」

　と、語る増澤氏の言葉からは、鉄道マンとして長年苦楽を共にし、20年ぶりに里帰りした500形への愛着が伝わってきた。500形の復元は、若手社員を中心としたプロジェクトチーム（といっても専任ではなく、本業の合間を縫ってとのことだが）のメンバーを中心に取組んでいるが、自力走行できるよう制御装置の単位スイッチや主幹制御器はきれいに整備されていた。鉄道は経験工学といわれる、インバータ制御技術の源流となった抵抗制御車の復元を通じてプロジェクトメンバーのスキルを高めることができる。そして東京地下鉄の行動指針の一つである「安全の大切さを心に刻み、社会からの揺るぎない信頼の獲得」に大きく寄与するに違いないと筆者は確信した。

一方の車体修理も大掛かりだった。腐食したキーストンプレートや外板の取替えだけでなく、ブエノスアイレス地下鉄では貫通路を設けるために撤去されていたアンチクライマの再生、車体にステップを取付けるために開けられた穴の埋込みなどを施行したと増澤氏は語った。

500形の客室内は工事中で、備品はまだ取付けられていない状態だったが、500形誕生当時の時代に復元する584号車はリコ式つり手を取付けるほか、側引戸もオリジナルの形状に復元する予定ですと語ってくれた増澤氏のお話をお聞きしているうちに予定時間を越えてしまったので、お礼を申し述べてお暇することにした。

□

300形グループのカラーリングは当時としては派手だったが、鈴木氏（総裁）は「これからの電車は、必ずこのように明るく、カラフルなものが主流になるはずだ」と考えていたという。その後誕生した電車のカラーリングを見るまでもなく、鈴木氏の先見の明に敬服せざるを得ない。鈴木氏がロンドンの空港で購入し、300形のカラーリングの源流となった煙草ケースは地下鉄博物館に保管されている。300形の開発を題材に平成26年に放送されたＢＳフジ「鉄道伝説」の監修をお手伝いした縁で取材に同行し、現物をカメラに収めることができたが、この煙草ケースは帰国後に鈴木氏

地下鉄博物館に保管されている煙草ケース。鈴木氏は、このケースのデザインを見て、丸ノ内線の赤い車体を発案した

から東氏（理事）に渡されていた。時を経て、退任直前となった東氏は机にしまっていた煙草ケースを後輩技術者に託し、昭和61年に開館した地下鉄博物館に寄贈された。東氏からバトンを受けて寄贈した後輩技術者は、後に千代田線用6000系の設計に携わった里田啓氏。東京地下鉄の車両技術は300形の単位スイッチ制御、3000系のバーニヤ制御、6000系のチョッパ制御、そしてインバータ制御と、常に車両技術をリードする系譜を継いでいるが、地下鉄博物館に保管されている煙草ケースのように、多くの関係者がバトンをついで今日があることを、500形に対面して再認識した。

鈴木氏・東氏をリーダとした営団関係者、三菱電機をはじめとしたメーカ技術者など、多くの関係者の思いが詰まっているからステンレスのサインウェーブはひときわ明るい光芒を放っている。

「300形グループは、日本の電車の技術水準を大きく引き上げるなど一大エポックを記しました。その歴史を多くの皆様に知っていただけるよう、将来的にはイベントなどでお客様をお乗せして運転したいと思っています」と、留岡氏は語っていたが、300形グループの開発・運転・検修に携わった関係者、そして復元に携わったプロジェクトチームの思いを、沿線の人々をはじめとするステークホルダーに語り継ぐ存在として、今後とも末永く美しい姿で活躍を続けてほしい…、そんなことを考えながら車両基地を後にした。

南米からの里帰りし復元工事が進められている500形。日本の電車発達史を伝える生き証人が、関係者の手で甦ろうとしている

日本国有鉄道こだま形

クハ26001（151系）

取材日：平成26年12月3日/平成28年7月26日/平成29年6月15日

電車特急時代を切り拓いた151系。登場当時のトップナンバー車であるクハ181-1は川崎重工業兵庫工場で復元工事が実施されている。この写真は平成19年3月の本館竣工から間もない頃の姿。まだ0系の姿は見られない

山陽本線神戸から1駅、通称和田岬線の乗換駅である兵庫駅に降り立ち、同駅から約1㎞に位置する川崎重工業兵庫工場を訪れた。お目当ては総合事務所前に保存された元国鉄クハ26001、当時台頭していた新しい車両技術を盛込み、昭和33（1958）年に特急「こだま」でデビューし、国鉄の看板列車として東海道はじめ全国の幹線で活躍を続けた特急電車である。

こだま形電車は当時台頭していた新しい車両技術を盛込んで、従来の機関車牽引の特急列車よりも格段に優れた性能を示し、先進諸外国に比べて地上設備が貧弱な日本の鉄道でも電車列車などの動力分散方式を導入すれば高速運転が可能なことを実証した。こだま形電車の成功は、日本の鉄道を明治年間以来の蒸気機関車を前提とした動力集中方式から電車列車などの動力分散方式を主体としたシステムに変革させた、つまり現在の日本の鉄道では当たり前となっている電車王国の礎を築いた立役者である。兵庫工場に保存されているクハ26001は、川崎重工業車両カンパニーの前身である川崎車輛がこ

熱気と喧騒に満ちたビジネス特急設計会議　写真中央やや左（右を向いている人物）が星氏（当時主任技師）、写真中央最後列で下を向いている人物が大西氏（当時技師）、右隣が米満氏（当時技師）　写真：星 晃

だま形の第1陣として昭和33年9月に製作、11月1日の営業運転初日に神戸発東京行きの上り「第1こだま」の先頭に立った栄光のトップナンバー車で、引退後に兵庫工場に里帰りした強者である。

ビジネス特急の設備と技術

ここでこだま形電車の技術的特徴を述べてみたい。従来の機関車牽引特急列車では不可能だった東京ー大阪間の日帰りの夢を実現し、ビジネス旅行に便利ということから「ビジネス特急」とネーミングされた特急電車は、101系で結実した制御装置・中空軸平行カルダン駆動だけでなく、複層ガラスなど防音に配慮した車体構造、乗り心地の優れた空気ばね台車、当時の長距離客車列車に連結されていた食堂車に代わってスタンド形式のビュフェ、2等車（現在のグリーン車）のシートラジオ、そしてスピード感と乗車意欲をそそる優美な前頭デザインなど、時代を一歩先取りした設備と技術が採用された。

21世紀から見れば当たり前と思える項目にも当時としては画期的な試みが少なくなかったが、冷房装置は代表的な例の一つであろう。当時の冷房装置は贅沢品で、国鉄の2等車ですら冷房車は1両もなかった時代、3等車（現在の普通車）にも冷房を提供するビジネス特急のサービス水準は画期的な構想だった。冷房化にあたっては島秀雄技師長の発案・指示で、圧縮機・凝縮

151系に改番直後の姿。東京〜大阪間を日帰りできるようになったことは、世情に大きなインパクトを与えた　写真：奥野利夫

器などを一体化したユニットクーラーを屋根上に分散搭載した。現在では通勤電車もユニットクーラーによる冷房が当たり前だが、ビジネス特急はその先駆けとなったのである。

新時代の特急列車にふさわしい車体及び車体設備の設計は、国鉄・臨時車両設計事務所の星晃氏（当時主任技師）をリーダに川崎車輛・近畿車輛・汽車会社・日本車輛の車両メーカ技術者で構成したチームで進められ、川崎車輛からは黎明期の車両デザインに大きな足跡を残した米満知足氏（当時技師）、後に日本最初のアルミニウム合金車を開発する大西晴美氏（当時技師）らが参加した。ビジネス特急の運転は昭和32年11月に正式決定し、営業運転開始は昭和33年秋のダイヤ改正と併せて決定された。したがって設計・製作に許された期間はわずか11ヶ月、新設計しなければならない設備や機器は多いうえに極めて短納期だった。そんな制約のもとで東京－大阪を日帰り運転する画期的電車の開発に、設計チームは寝食を忘れて取組み、当時台頭していた車両技術のすべてを注ぎ込んで、クハ26001が同年9月17日に完成したのだった。

ビジネス特急の列車愛称名は公募され、東京－大阪間を日帰り運転するイメージにぴったりの「こだま」に決定した。この愛称名にちなんで「こだま形」と呼ばれるようになった特急電車は33年11月から東京－大阪（神戸）間で営業運転を開始するや、爆発的人気を持って迎えられた。

こだま形電車の形式は昭和34年に151系と改称、クハ26001もクハ151-1に改番された。翌35年には明治年間以来の伝統である展望車を連結した客車特急もこだま形に置替わり、さらに36年10月ダイヤ改正で東海道電車特急は10往復まで増発された。このダイヤ改正で動力分散方式の昼行特急列車は、従来の3倍増の26往復に大増発されたが、その半数近くが東海道電車特急で占め、名実ともに国鉄の看板列車の座を不動のものとした。

しかし東海道電車特急の黄金時代もつかの間の夢、東海道新幹線開業が刻々と近づいていった。こうして迎えた39年9月30日、クハ151-1は東京駅を発車する最後の東海道電車特急「おおとり」の後部標識灯をともして同駅を後にした。国鉄の近代化とイメージアップに貢献した大功労車は、翌日から営業を開始する新幹線に東海道の主役の座を譲り、山陽・九州特急など第二の人生へ転進したのである。

151系は、主電動機をパワーアップした181系に改造され、山陽特急に転進したクハ151-1も41年度にクハ181-1に改造された。151～181系は東海道、山陽・九州、上越、中央、信越特急で13種の列車愛称名で活躍したが、配置された車両基地の変遷をみるとすべての列車系統に使用された車両は少なく、先頭車ではクハ181-1とクハ181-2の2両しかいないことが分かる。国鉄のスターとして東海道を燕のごとく颯爽と、瀬戸内海の潮風を浴びて、越後平野を朱鷺のごとく華麗に、梓川の流れる松本を目指し、そして浅間山の麓を駆け抜けたクハ181-1は、国鉄電車特急史の語り部という意味でも意義ある存在なのである。

クハ26001復元の経緯

兵庫工場にお邪魔して、車両カンパニーの石塚理氏と総務課の小野晃司氏（取材当時）にお話をうかがった。兵庫工場で保存されたいきさつからうかがってみると、昭和50年前後に川崎造船所・川崎車輛で製作した歴史的価値の高い車両が引退の時期を迎えたので、国鉄をはじめとする事業者と相談の結果、兵庫工場で保存する運びになったとのこと。51年1月に廃車されたクハ181-1もその1両として引き取られ、社内では「懐古園」と通称される工場構内南側に保存された。

懐古園に保存されていた当時のクハ181-1　運転台上部の前灯は撤去されていたが、関係者のコレクションを提供いただいて復元したという　写真：星 晃

保存後は兵庫工場のボランティアが本業の合間を縫って手入れや塗装をしていたが、懐古園は海に近いこともあって経年とともに傷みが進んでいた。そのようななか、車両設計・営業などの上流部門を集約した車両製造拠点のシンボルとして建設が進められた総合事務所が平成19（2007）年3月に完成、これに併せてクハ181-1とOK-3台車が移転することになった。

ここで川崎重工業兵庫工場のプロフィルを紹介しておこう。車両メーカで国内トップシェアを誇る川崎重工業は川崎正蔵氏が明治11（1878）年に川崎築地造船所（後の川崎造船所）を創設したのを起源とし、39年に開設された運河分工場（兵庫工場の前身）で機関車・客貨車の製作を開始した。昭和3年に川崎車輛に分離独立、44年に川崎車輛と川崎重工業との合併、47年に汽車製造会社の吸収合併、平成13年に社内カンパニー導入（車両カンパニーなど）などの変遷を経て現在に至っている。戦後復興から高度経済成長に向かいはじめた昭和30年代前半、国鉄・川崎車輛をはじめとする技術陣が先進諸外国に負けない特急車両を創ろうと寝食を忘れて開発に打ち込んで作り上げたクハ181-1は、川崎重工業の技術力と伝統を象徴する代表として、兵庫工場を訪問する顧客を出迎える役割を担って新総合事務所の一番目立つところに展示された。

「クハ181-1は平成18年12月に懐古園からクレーンで移動しました。車体が腐食してクレーンで移動するときに曲がってしまうのではとの心配もありましたが、事前に腐食の程度をチェックして問題無いことが確かめられたの

ビニールをかけられ「懐古園」から搬出されるクハ 181-1

総合事務所前への輸送作業は深夜に行われた

クレーンを用いて、総合事務所前に搬入されたクハ 181-1　提供：川崎重工業（3点とも）

で実施に踏み切ったと聞いています」

　と、小野氏は移設のてん末を語った。総合事務所前の屋外に置かれたクハ181-1には屋根が設けられたが、設置直前には昭和30年代を舞台とした映画（平成19年11月公開）にビジネス特急こだまのロケに使用されたというエピソードも残された。

「総合事務所移動後に塗装し直して外見はきれいになりましたが、台枠などの腐食が進行しているのが分かりました。これは良くない、由緒ある大事な産業技術遺産なので修復しようと考え、経営幹部に進言したところ了解をいただき、修復する運びとなりました」

　と、石塚氏は経緯を語った。まずは社内関係部門からメンバーを招集し、ワーキンググループを設置した。修復にあたってはどの時代に復元するかが議論になったが、この車両が一番輝いていたのは東海道電車特急時代だったことに異論はなく、昭和33年11月1日の営業運転初日の姿に復元する方針が決まったという。経営幹部から修復の正式ＧＯサインが出たのは平成26

年5月、工事開始は11月とのことだった。

復元の苦労話あれこれ

こうしてクハ26001への復元が決まったが、構体補修の前のアスベスト除去が大きな課題だった。クハ26001で断熱材として使用していたアスベストは、後に健康被害が社会問題になった背景から適切に処置することが義務付けられている。アスベスト除去や構体補修のため工場内に移動する案もあったが、移動だけでも大掛かりになるので、事務所前に置いた状態で作業することにしたという。

「アスベスト除去にあたって、周辺に飛散しないよう上面を含めて全体をシッカリと密閉養生し、除去作業は専門業者に依頼するなど綿密なスケジュールを立てました。関係行政当局のチェックいただいて問題ないと『お墨付き』をもらい、近隣の方々に事前説明したうえで作業にかかりました」

と、経緯を語った。一度除去したがそれでも不安で、徹底的に除去するため再度除去作業を行い、結果的に1年強の時間がかかったという言葉からは、川崎重工業の経営原則の一つである「社会的責任を認識し、地球・社会・地域・人々と共生する」を実践する真摯な姿勢、そしてクハ26001の産業技術

映画「続・三丁目の夕日」のロケ風景（提供：川崎重工業/日本テレビ放送網）

ウインカーランプは、図面と写真を基に復元されている。また、ワイパーはJR西日本から提供を受けた

台枠の修理は、車体をジャッキアップするとともに、切り継ぎを重ねながら慎重に行われた

遺産としての価値を認めた兵庫工場関係者の熱意が伝わってきた。

「アスベストを除去した後は構体の修復です。腐食の進行を止めて、後は時間をかけて復元や整備をやっていけばいいと考え、下方向にたわんでいた構体をジャッキで正規の位置に固定して台枠の修復から施行しました」

と、石塚氏は語ったが、台枠の修復が難関だったという。腐食しているので取替える必要があるが、車体が上に載っているから一斉に取替えることはできない。そこで考案されたのが切り継いでいく方式で、ジャッキで支えながら１mくらいの部材を作って順次交換して溶接したと苦心の工法を説明した。台枠に続いて側板と屋根板を補修した。側板の状態は比較的よかったが、屋根板と雨どいは腐食が進んでいたので、基本的にはすべて取替えたと石塚氏は補足した。

クハ26001復元にあたっては、後年に撤去されたウィンカランプなどの機器も取付ける必要があるが、それらの時代考証も大変だったという。当時の図面と写真を頼りに「レプリカ」を製作した。またワイパのような標準品は、ＪＲ西日本様から部品を提供いただいたという。

「社内関係者の協力だけでなく、取引先を含む社外関係者からの温かい支援をいただきながら復元を進めています。この場を借りて社内外の関係者には感謝いたします」

と、小野氏は語った。

クハ26001との対面

石塚氏と小野氏からお話をうかがった後、１階のエントランスホールをご案内いただいた。玄関横には川崎重工業の伝統と技術力を語るようにOK-3台車とefWING台車が展示されている。前者は戦後間もない時期に川崎車輌が開発した高速台車の代表的存在で、戦前期の名車湘南デ1形・阪神急行900形などの設計にも携わった岡村馨氏（技師）の代表作、後者は平成25年度に開発したCFRPを使用した新世代の台車である。

総合事務所前の屋外にはクハ26001と0系新幹線電車（21-7008）が置かれている。後者は昭和58年に川崎重工業が製作し、0系ラストランとなった平成20年12月の「ひかり347号」の先頭車両として最後の大役を全うした車両で、クハ26001と並ぶだけで日本の高速電車の歴史を語っている。筆者が平成28年7月に兵庫工場にお邪魔した時点では、クハ26001の周囲は覆いで囲われていたが、同年11月の110周年工場祭までに工事を終わらせ、覆いを外して「お披露目」したと小野氏は経緯を語った。

総合事務所のエントランスホールには、川崎重工業を代表する台車であるOK-3台車（奥）と、efWING台車（手前）が展示されている

周囲を覆いで囲われていた補修中のクハ26001

形式番号がクハ26001と標記された車体外観は、きれいに塗り直されていることが分かる。塗装作業は、周辺環境を考慮して周囲を覆った状態の狭い場所で苦労したと小野氏は語った。隣接する21-7008とは2mも離れていない、良好とはいえない環境で完遂した兵庫工場技術陣の苦労がうかがえた。ウィンカランプのほかヘッドマークや連結器カバーも事前にお聞きしていないと「レプリカ」であることが分からないくらい違和感なく取付けられていた。

「前面窓ガラスの押さえゴムは経年劣化でヒビが入っていました。新品への交換が望ましかったのですが、万一作業中に窓ガラスが割れてしまうと予備品は残っていないので、ゴムのヒビの箇所をシールで埋めて補修しました」と石塚氏は舞台裏を語った。外部標記の時代考証も容易ではなかった、当時の図面や写真の一部は、こだま形開発に携わった関係者や鉄道総研などから提供いただいたと石塚氏は語った。こだま形電車の妻面標記は赤文字のイメージが強いが、クハ26001落成時は白文字で標記されていたことが当時の写真は語っている。妻面はこれから手をつけるが、白文字で標記すると石塚氏は補足した。

車体はきれいに塗り直されたが、台車と床下機器は懐古園から移動した当時の状態から変わっていない。これもクハ26001の時代に合わせて灰色に塗装しなければと石塚氏は語った。ジャッキで支えられた床下を覗いてみると年輪を感じさせる空気タンクと水タンクが目に入るが、灰色に塗られた修復後の姿が楽しみである。一方の台枠は「新品」に更新されていることは分かるが、事前にお聞きしていないと部材を順次交換したようには見えなかった。兵庫工場の技術力の高さが伝わってきた。

時代考証の苦労が伝わってくる麗姿に見とれながら周囲を一回りした後、室内にご案内いただいた。28年7月に撮影させていただいた室内写真と今回（29年6月）の写真を比較すると内張板・腰掛が整備されていることが分かる。腰掛はいったん全部外し清掃して戻したとのこと、現時点では半分以上付けた状態と小野氏は説明した。

「天井板と化粧板は流用しましたが、前者は塗り替えたから真っ白なのに対して後者は色が変わらず、天井はきれいで側面は古くみえてしまいます。昨28年に当社の航空宇宙カンパニーで『飛燕』を復元しましたが、これは復元したところが明確に分かるように、昔の部品と新たに追加した部品が分

クハ26001室内（平成28年7月撮影）

クハ26001室内（平成29年6月撮影）

かるようにするというポリシーだったようです。今後どうすればいいか難しいところです」

と、石塚氏は悩みを語ったが、将来的にはヘッドマークやライトを点灯させたいと補足した。

「クハ26001はビジネス特急『こだま』として東京－大阪間の日帰りを実現したからこそ、隣に保存展示している0系新幹線電車も実現できたわけで、歴史的価値の高い車両です。大事な産業技術遺産なのでしっかりと復元しよう、関係者は本業の合間を縫いながら取組んでいるところで、早く完成させたいと思っています」

という石塚氏のお話をお聞きしているうちに予定時間を越えてしまったの

で、お礼を申し述べてお暇することにした。

□

総合事務所を辞して道路に出てクハ26001に再度目をやった。川崎重工業車両カンパニーは米国に生産拠点を設けるなど輸出案件にも積極的に取り組んでおり、兵庫工場をその中核に位置付けている。しかし国内では少子高齢化を迎え、海外も諸外国の強豪大手メーカと競わなければならないなど厳しい経営環境に置かれている。総合事務所に置かれたクハ26001はその輝かしい歴史と技術力を訪問する顧客に語るのと同時に、夢と情熱を持ってブレークスルーを成し遂げた米満氏（技師）・大西氏（技師）をはじめとする先人たちが現役技術陣にエールを送る語り部のように見えた。

明治5（1872）年の鉄道創業時の1号機関車は、晩年を過ごした島原鉄道をはじめとする関係者の熱意があって保存が実現し、後年には重要文化財に指定された。産業技術遺産は得てしてこのような運命をもっているもので、クハ26001も晩年を過ごした信越特急の役目を終えて解体寸前だったところを兵庫工場に運び込まれたという。その後も多くの関係者の熱意で復元が進められているクハ26001は、1号機関車に勝るとも劣らない運命と価値をもつ産業技術遺産と思うのは筆者だけではないだろう。価値の高い産業技術遺産として、今後とも末永く美しい姿でいてほしい…、そんなことを考えながら兵庫工場を後にした。

多くの人の熱意によって復元が実現したクハ26001。同じく、日本の鉄道に大きな影響を与えた新幹線0系とともに兵庫工場内で静態保存されている（公道から見学可能）

西日本鉄道313形

初出：「鉄道ファン」2012年2月号／取材日：平成23年11月2日／平成26年3月20日

登場から間もない313形の姿（昭和30年撮影）。日本初のモノコック鋼体を採用した車両として、長らく語り継がれる名車　写真：佐藤進一

西日本鉄道は福岡県を基盤とする大手私鉄で、貝塚線は福岡市東区貝塚から新宮町までを結んでいる。日本最初のモノコック構造車313形に対面するため、貝塚駅北方に隣接する多々良車両基地を訪れた。

313形の来歴を簡単に紹介しよう。昭和20年代の西鉄は輸送力増強とスピードアップに対応するため、モハ52形をほうふつさせる前頭形状の大牟田線（現在の天神大牟田線）急行用初代600形、スマートな外観の軌道線用1000形連接車など近代的な車両を投入していた。313形はこれら車両の狭間で、大牟田線の輸送力増強用として昭和27（1952）年に新製投入された一般車で、やや地味な車両であるが、昭和52年度に宮地岳線（現在の貝塚線）に転じた後も平成23年現在にいたるまで活躍を続ける古豪である。そして何より昭和30年代以降に誕生した旅客車では当たり前となるモノコック構体を日本の鉄道車両として最初に採用し、車両技術史に大きな足跡を記した車両なのである。

日本で初めてモノコック構体を採用

ここで313形の技術的特徴を述べてみたい。鉄道車両の構体は窓・戸など

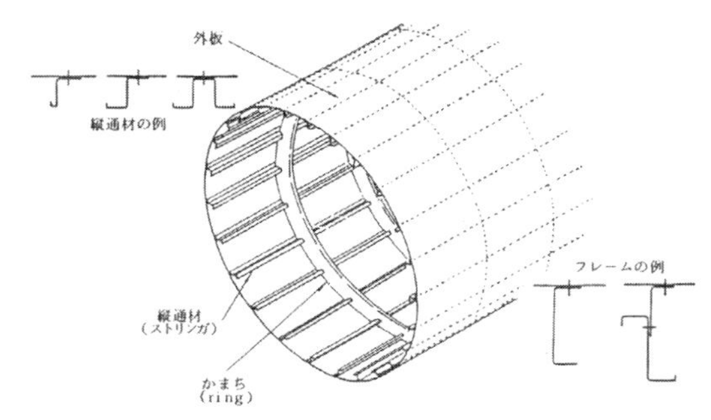

張殻（ちょうかく）構造＝モノコック構造の概念図

非モノコック構体の車両　所蔵：福原俊一

開口部の大きい構造物のため、強度を損なうことなく軽量化するには理論的計算だけでなく、完成した構体に荷重をかけて応力を解析することが不可欠である。戦前期までは軽量化といえば「軽かろう弱かろう」の観念が支配的で、国鉄キハ42000形などのガソリン動車に例外的に採用された程度にとどまっていた（と書くと、西鉄大牟田線の前身である九州鉄道の軽量電車モ200形を忘れるなとの指摘が出るだろうが…）。昭和20年代中盤には軽量化の取組みが本格化し、①構体の高抗張力鋼使用による軽量化、②モノコック構造の採用による軽量化　などの研究がスタートした。

従来の普通鋼に比べて強度の高い高抗張力鋼を用いると薄板化が可能、つまり軽量化が可能であるが、高価であることなどの問題があった。近畿車輛は従来車と同じ普通鋼を用いたモノコック構体の研究を進め、26・27年度の運輸省科学技術研究に採択されていた。設計主務は陸軍航空技術将校から終戦後に近畿車輛設計課に転進した菅野久嗣氏（後に同社専務取締役などをご歴任）で、航空機では当たり前のモノコック構造を鉄道車両に適用したいと

313 形の解体工事の様子。モノコック構体の構造がよく分かる 1 枚　提供：西日本鉄道

徳光 傳氏　提供：西日本鉄道

かねてから考えていた。最初は親会社である近鉄にモノコック構体を提案したが、当時は軽量化に理解を示してもらえなかったという。少し経って大牟田線の輸送力増強用として西鉄から新車の発注があり、当時の徳光傳氏（当時車両課長）に提案したところ理解が得られ、実現することができた、は菅野氏の当時の思い出である。九州電気軌道出身の徳光傳氏は、後年には常務取締役電車局長を歴任した車両畑の重鎮で、前例のない新技術の有用性を見通す見識を持つ技術者だったことは間違いないといえよう。

313形はモノコック構造の思想を取り入れ、下図のように台ワクの横梁と側柱を同一断面に配置したほか、形鋼をやめて鋼板プレスを用いることなどにより、構体重量を20%以上の軽量化を実現した。もちろん軽量化された構体であっても従来車と同等な強度剛性がなければならない。昭和24年に鉄道技術研究所（現在のＪＲ総研）の中村和雄氏（当時技師）が電気抵抗線歪計を開発し、精確な強度解析が可能になった。中村氏と同僚の吉峯鼎氏（当

近畿車輛で実施された荷重試験。写真左端から中村和雄氏、吉峯鼎氏、写真右端が菅野久嗣氏　所蔵：福原俊一

時技師）は電気抵抗線歪計を用いた強度解析手法を考案し、313形をはじめとする構体の強度解析に適用し，荷重試験の結果強度剛性に問題ないことが確認された。「吉峯法」と呼ばれるようになったこの手法は、その後の地道な継続研究によって開口部の大きい構造の構体に対しても実際の解析結果と理論が合致するようになり、合理的な構体の設計が可能になった。昭和50年代に有限要素法（コンピュータを用いて強度解析を行う手法）が鉄道車両に導入されるまで、鉄道車両の強度解析手法として汎く使用されていった。

電気抵抗線歪計を開発した中村氏は中島飛行機設計部から終戦後に鉄道技術研究所に転進した技術者である。また吉峯氏は鉄道大臣官房研究所（鉄道技術研究所の前身）からの生え抜きであるが、戦前期から航空機の機体構造を応用した車体軽量化を研究していた。313形を嚆矢とするモノコック構体は、多くの技術者の手によって航空機技術を有形無形の格好で移転して結実したといえよう。

313形で結実したモノコック構造の設計思想は、近鉄2250系以降の車両にも適用された。一方、日本車輛東京支店では313形と同時期に京王2700形を製作した。この2700形は高抗張力鋼を使用して薄板化することにより軽量化を図ったが、上述のように高抗張力鋼が高価で入手困難だったこと、さらに加工や溶接などが普通鋼に比べて難があったことから、以後の軽量構軽量構造は313形のような普通鋼を用いたモノコック構造が主流となった。こうして昭和30年代初頭には、新設計される旅客車は軽量構造が当たり前という時代を迎え、デザイン的にも洗練された近代的な車両が続々と誕生するようになったのである。

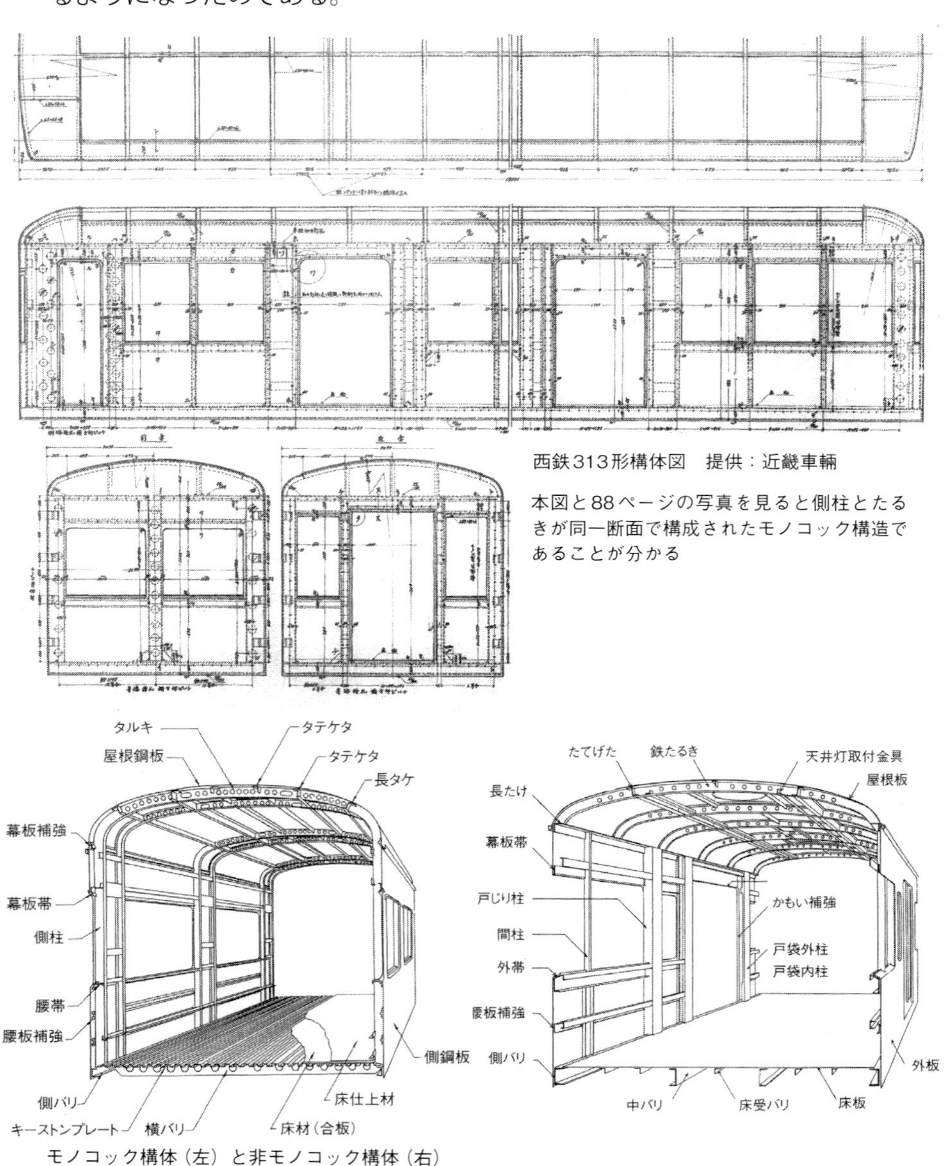

西鉄313形構体図　提供：近畿車輌

本図と88ページの写真を見ると側柱とたるきが同一断面で構成されたモノコック構造であることが分かる

モノコック構体（左）と非モノコック構体（右）

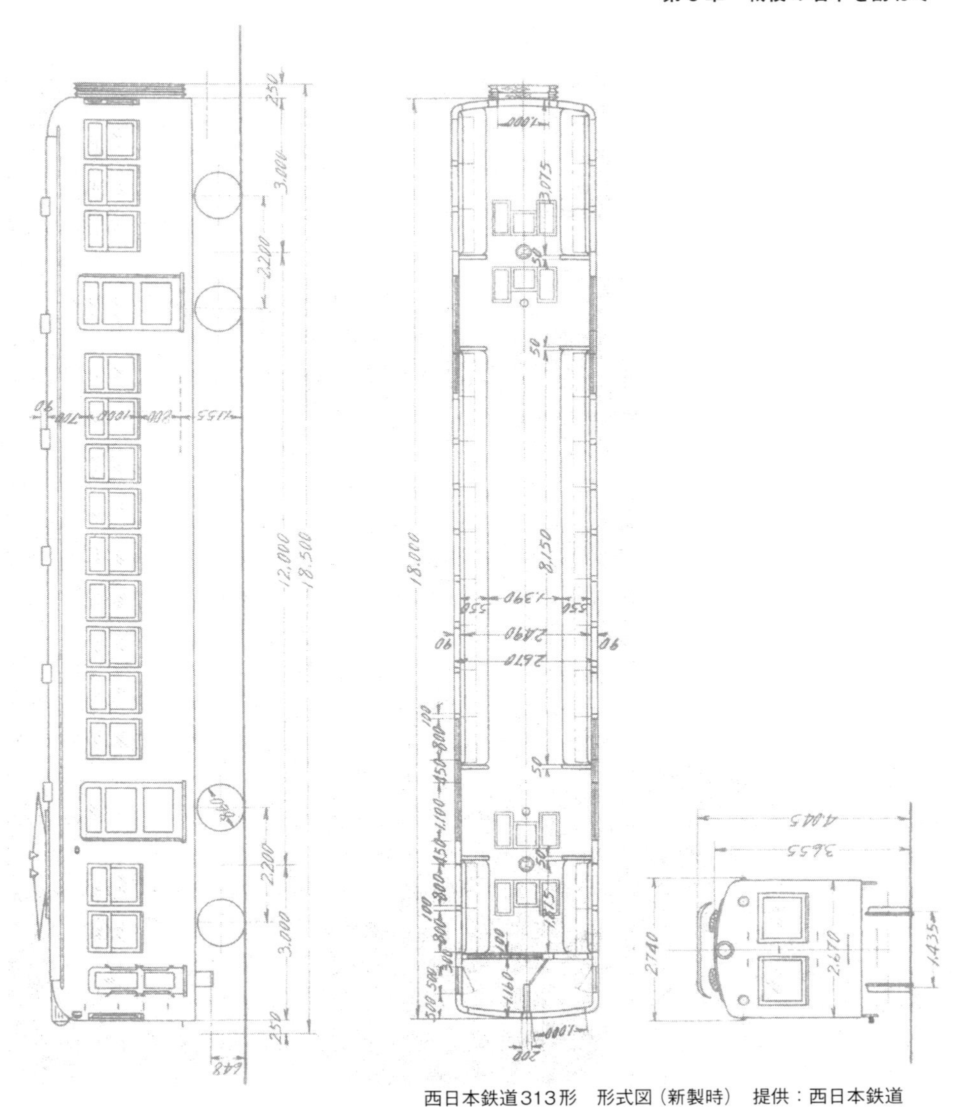

西日本鉄道313形　形式図（新製時）　提供：西日本鉄道

313形の現況

313形は大牟田線の輸送力増強に対処するため、100形など在来車の2連→3連化に伴い不足する編成充当用として昭和27（1952）年度に2連×4編成が新製された。従来の300形と同様な18m級2扉車で、大牟田線のロー

初期の軽量構造車　主要要目

年　度	昭和 27 年度		昭和 28 年度
形式	西鉄 313 形	京王 2700 系	近鉄 2250 系
製造会社	近畿車輛	日本車輛東京支店	近畿車輛
車体長（m）	18.0	17.0	20.0
自重（t）	36.2	34.0	46.0
1m あたり重量(t)	2.01	2.00	2.30
曲げ剛性（10kgcm²）	0.75	0.45	1.21
ねじり剛性（11kgcm² /red）	2.4	5.8	6.7
台枠	プレス鋼	形鋼（高抗張力鋼）	プレス鋼
特徴	モノコック構造	高抗張力鋼使用	モノコック構造
記事	昭和 26・27 年度運輸省研究補助金	昭和 27 年度運輸省研究補助金	―

年　度	昭和 28 年度	昭和 29 年度	
形式	京阪 1800 系	南海 11001 系	東急 5000 系
製造会社	川崎車輛	帝国車輛	東急車輛
車体長（m）	17.0	20.0	18.0
自重（t）	33.0	34.0	28.1
1m あたり重量(t)	1.94	1.07	1.56
曲げ剛性（10kgcm²）	0.52	0.81	1.40
ねじり剛性（11kgcm² /red）	15.4	8.5	8.5
台枠	プレス鋼（高抗張力鋼）	プレス鋼（高抗張力鋼）	プレス鋼（高抗張力鋼）
特徴	モノコック構造高抗張力鋼使用	モノコック構造高抗張力鋼使用	モノコック構造スポット溶接
記事	―	昭和 28 年度運輸省研究補助金	昭和 28 年度運輸省研究補助金

◀モノコック構体を採用した近鉄 2250 系　所蔵：福原俊一

▶ 313 形と同じ昭和 27 年に登場した京王 2700 系

ベージュとマルーンのツートンカラーに塗り替えられイメージを一新した313形　提供：西日本鉄道

カル運用を中心に活躍を続けた。高性能電車の600形をはじめとする後継車の増備に伴い、昭和52年度に台車・主電動機を取替えのうえ宮地岳線に転じ、その後も昭和59～60年度に車体更新・3扉化改造、62～63年度に冷房改造などの工事が施行された。平成4～5年度には314-364編成を除いて、西武鉄道701系廃車発生品の台車・主電動機・主制御器への取替工事が施行された。これに伴いMc-Tc編成のTc台車に主電動機を搭載した1C6M制御に変更され、高性能電車に変身？した。

平成19（2007）年3月31日の西鉄新宮－津屋崎間の廃止に伴い、313形は19年度に3編成が廃車となり、23年度現在では1編成を残すのみとなってしまっている。孤塁を守る315-365編成も近車製鋳鋼台車、東洋電機製110kW主電動機、三菱製単位スイッチ式制御器など新製時に使用された主要機器はすべて取替えられ、新製時と現在では同一車両とは思えないほどの変貌をとげている。しかし3扉化されたとはいえモノコック構体は健在で、60年に近い経年を感じさせないほど若々しい。313形は貝塚線主力車両の600形に比較して空転が少ないなど乗務員には好評とのことだった。

西鉄広報室の話では、313形誕生時の社内報などにはモノコック構体について記載されていないとのことだった。現在の感覚なら軽量構造をＰＲしてもおかしくないが、上述のように軽量化といえば「軽かろう弱かろう」の観念が支配的だった時代、近い将来の大牟田線スピードアップのために採用したモノコック構体を西鉄当局としては積極的にＰＲしなかったのはなぜだろうか…。315-365編成の誕生当時の背景に、筆者は思いをめぐらせた。

□

多々良車両基地を辞して、福岡市天神の西鉄本社・運輸車両部にお邪魔した。車両課の森山義洋氏(取材当時課長)に313形の今後をお聞きしたところ、置替えを検討しているとのことだった。人間で言えば還暦の齢は、さすがに引退が遠くないことを意味している。しかし西鉄サイドとしても315-365編成は簡単にスクラップできない車両であることは認識しているとのことで、森山氏にとっては頭の痛い様子がうかがえた。西鉄を取巻く事業環境は厳しく、鉄道事業も残念ながら輸送量は減少傾向にあるのが現状で、いろいろな手間や経費のかかる車両保存は容易でないことは想像に難くない。

313形の開発に携わった菅野久嗣氏は700km/hの高速を誇った試作戦闘機キ-83の開発に携わっていた。中村和雄氏は幻の爆撃機「富嶽」の開発に、吉峯鼎氏は弾丸列車用客車の構体に適用するためモノコック構体の研究に携わっていた。いずれも結果的には実現することなく終わったが、その技術が形を変えて313形のモノコック構体に結実したわけで、産業技術史的に意義ある車両であることは論を待たない。

そして何より313形は、西鉄グループの企業理念である「"あんしん""かいてき""ときめき"を提供しつづけ、地域とともに発展する」を実践し、地域社会の発展を支えた功労車なのである。そんな古豪の引退後にはしかるべき機関で保存の道を開くことはできないのだろうか、そんな思いを強く持ちながら天神の本社を辞した。

(初出：「鉄道ファン」2012年２月号)

西日本鉄道313形　車歴表（平成23年3月現在）

編　成	新製	宮地岳線転籍	車体更新・3扉改造	冷房改造	台車・手動動機取換え	廃車
313-363	昭和27年7月	昭和52年4月	昭和59年8月	昭和63年3月	平成4年6月	平成20年1月
314-364	昭和27年7月	昭和52年5月	昭和59年12月	昭和63年6月	—	平成19年4月
315-365	昭和27年7月	昭和52年7月	昭和60年7月	昭和62年7月	平成4年10月	
316-366	昭和27年7月	昭和52年4月	昭和60年12月	昭和63年4月	平成5年2月	平成19年4月

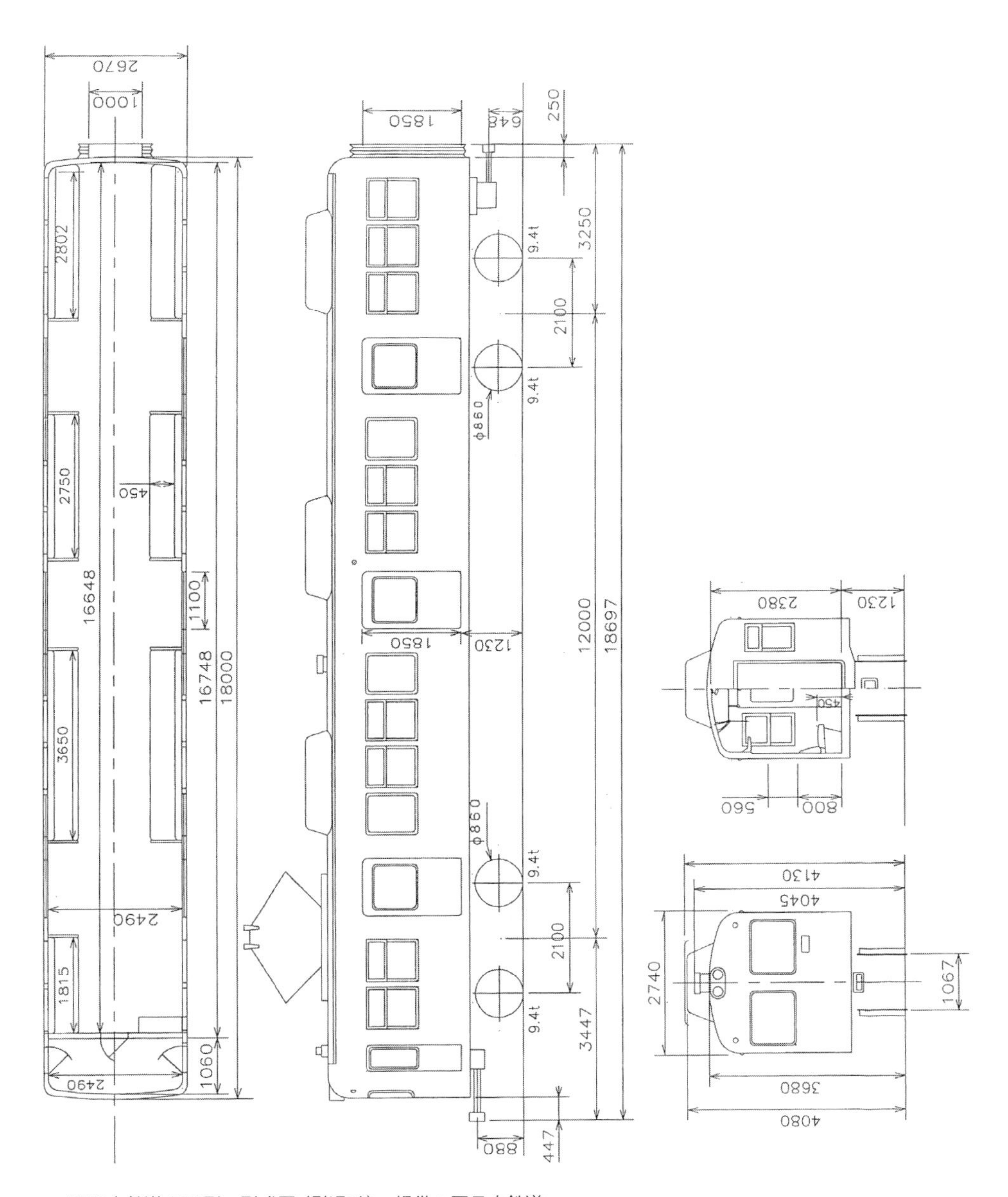

西日本鉄道313形　形式図（引退時）　提供：西日本鉄道

その後の313形（追記）

西日本鉄道313形最後の315-365編成はその後も貝塚線で活躍を続けたが、引退の声もささやかれる頃には産業技術史的に意義ある車両であることが認められるようになっていった。当時放送されていたＢＳフジ「鉄道伝説」で筆者の拙稿を原作にして313形の足跡が平成26（2014）年4月に紹介されることになり、監修のお手伝いをさせてもらったが、番組の制作にあたり、313形誕生の立役者徳光傳氏をどうナレーションするかディレクターから問合せがあった。「多分『でん』だと思うが、西鉄さんに確認した方がいい」とサジェッションしたところ、後日ディレクターから「西鉄さんにお聞きしたら『つとう』と読むそうです」と報告があり、人名の読みは難しいと思ったたことを憶えている。

ところで313形拙稿所収の『鉄道ファン』誌2012年2月号（2011年12月20日発売）の刊行後、313形の開発に携わった近畿車輛ＯＢの菅野久嗣氏が12月29日に逝去されたとの訃報をご遺族から連絡いただいた。「鉄道ファン」編集部から送付された拙稿の掲載誌を病床で読まれた菅野久嗣氏は喜んでおられたと丁寧な書簡をいただき、感無量の思いでご冥福をお祈りした。その

後半生は宮地岳線（現・貝塚線）に在籍していた 313 形。最晩年は往年のツートンカラーが復活した
写真：吉富　実

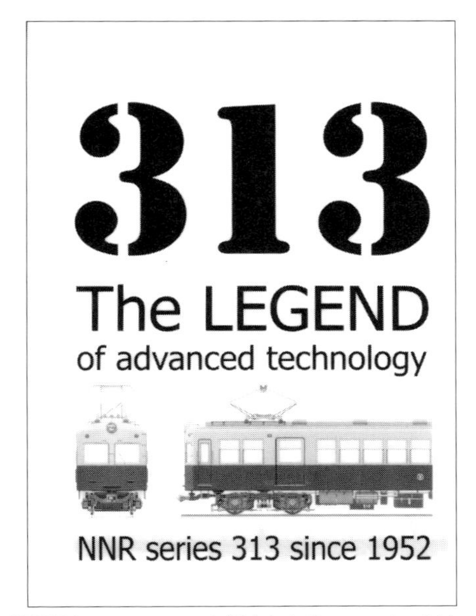

63年にわたって活躍を続けた313形。引退前には引退記念のパンフレット（左）とクリアファイル（右）も制作された　提供：福原俊一

後「鉄道伝説」で菅野氏のご遺族にインタビューすることになったので当方も同行させてもらい菅野久嗣さんの仏壇に線香を手向け、生前にいただいた多数のご指導へのお礼を申し上げた次第である。

□

平成26（2014）年に貝塚線開業90周年の節目を迎えたことから、315-365編成は大牟田線時代と同様なベージュとマルーンのツートンカラーに塗り替えられ、5月23日から運転を開始した。しかし寄る年波には勝てず315-365編成は翌年1月で引退が決まり、「さよなら西鉄313形フォトコテスト」が実施され、12月13日から入賞作品が中吊りポスターとして掲出するとともに新たなヘッドマークも掲出された。

こうして迎えた平成27年1月24日、ラストラン後に引退セレモニーが行われ、その産業技術史的価値をたたえるように当日の模様をマスコミは報じた。営業運転から引退した315-365編成は27年3月31日付で廃車となり、多々良車両基地に留置されていたが、8月から9月にかけて解体されその歴史に幕を閉じた。

熊本電気鉄道5100形

初出：「鉄道ファン」2013年7月号／取材日：平成24年12月7日

最晩年の熊本電気鉄道 5100 形。取材当時は上熊本支線で単行運用されていた

熊本電気鉄道は熊本市と合志市に路線を持ち、上熊本・藤崎宮前－御代志間を結ぶ私鉄である。高性能電車の代表格として知られる東急5000系の末裔である5100形に対面するため、北熊本の車両基地を訪れた。

ここで東急5000系の歴史を簡単に紹介しよう。昭和20年代半ば過ぎから先進諸外国の車両技術情報も入手できるようになり、これらの技術導入が進められたほか、国内メーカーが独自で開発した新技術が蓄積される一方、経済・産業界の復興に伴い輸送量が増加していた私鉄各社は乗心地の良い高速電車を求めていた。このような背景から昭和20年代終盤から30年代初頭にかけて新しい車両技術を盛込んだ高性能電車が続々と誕生したが、5000系は初期高性能電車の代表的存在として東急電鉄のみならず高性能電車の歴史に名を残す車両である。

多くの新技術を盛り込んだ5000系

戦後の輸送力増強に対処するためつりかけ車の3800形などを投入してい

竣工当時の東急 5000 系　提供：総合車両製作所

た東急電鉄は昭和20年代中盤から次期車両の構想検討をはじめ、昭和29（1954）年度の新製車で東横線の急行復活運転とスピードアップに備えた高性能電車を投入した。後に「青ガエル」のニックネームで呼ばれた5000系で、軽量車体・台車と主電動機・制御装置などに多くの新技術が盛り込まれた。5000系の計画当時、東急電鉄車両部の白石安之氏（当時課長）は「この超軽量電車は画期的すぎて不明の点も多いので、もう少し在来的な考え方を入れたらどうでしょうか」と上司の田中勇氏（当時部長）に進言したところ「東急車輛が鉄道技術研究所の援助を得てやっているのだから」との英断で開発が進められたと、東急電鉄が制作した回想録に記されているが、ここでは5000系の特長を述べてみたい。

当時の東急電鉄の車両製作はグループ会社の東急車輛製造が担当していた

渋谷駅を出発する登場当時の 5000 系。この時期東横線で終日急行運転が

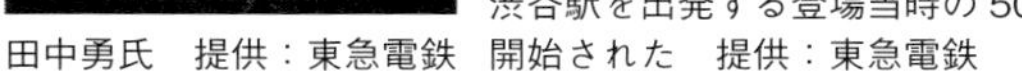

田中勇氏　提供：東急電鉄

開始された　提供：東急電鉄

標準仕様書　標準台車種類一覧							
軌間（mm）	番号	記号	最大心ザラ荷重（t）	軸距（mm）	踏面ブレーキ機構	装架主電動機（kW）	駆動方式
1435	1	S17-P20	17	2000	片抱き	55,75	WN，平行カルダン
〃	2	S17-R22	17	2200	片抱き	55,75	直角カルダン
〃	3	S17-P21	17	2100	両抱き	75,110	WN，平行カルダン
〃	4	S19-P21	19	2100	両抱き	75,110	WN，平行カルダン
〃	5	S19-R22	19	2200	両抱き	75	直角カルダン
〃	6	S19-R24	19	2400	両抱き	110	直角カルダン
1067	7	N17-R22	17	2200	片抱き	55,75	直角カルダン
〃	8	N17-P20	17	2000	片抱き	55,75	平行カルダン
〃	9	N17-R24	17	2400	片抱き	110	直角カルダン
〃	10	N19-R22	19	2200	両抱き	75	直角カルダン
〃	11	N19-P21	19	2100	両抱き	75	平行カルダン
〃	12	N19-R24	19	2400	両抱き	110	直角カルダン

が、5000系の構体は同社が設計した画期的な超軽量構体で、当時の鉄道車両に適用されて間もないモノコック構造の思想を取り入れ、車体断面は強度面で合理的な卵殻形に近付けた形状が採用され、下図のように台枠外側に側構を溶接した構造が採用された。開口部が大きくかつ「四角四面」の鉄道車両では、台枠横ばり・側柱・タルキを同一断面に配置した構造をモノコック構造（準モノコック構造）と呼ぶが、側構は台枠上部に溶接する構造が一般的で、後の優等車両を中心に採用される卵殻形の車体断面形状もこの構造が踏襲されている。5000系のように側構を台枠外側に溶接した構造は珍しく、側柱や外板に薄板を使用したこととあいまって、当時の専門誌が「意表をついた超軽量車」と表現した通り大幅な軽量化を実現し、構体重量は従来車に比較して約33%、台車は約22%も軽量化され、1mあたりの重量は電動車

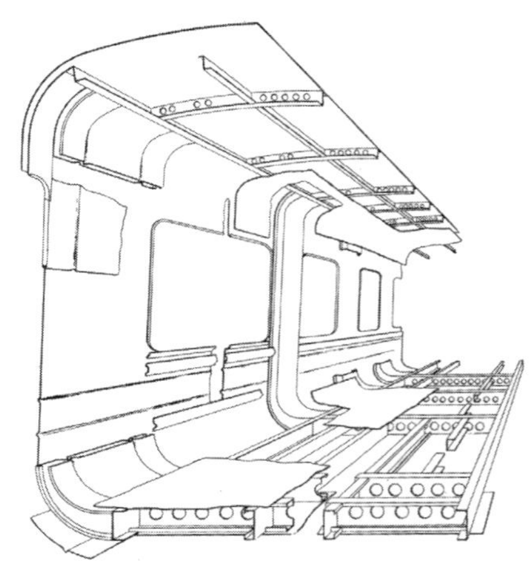
東京急行電鉄5000系 車体構造　出典：「東急5000形の技術」

東京急行電鉄5000系 TS-301台車　所蔵：福原俊一

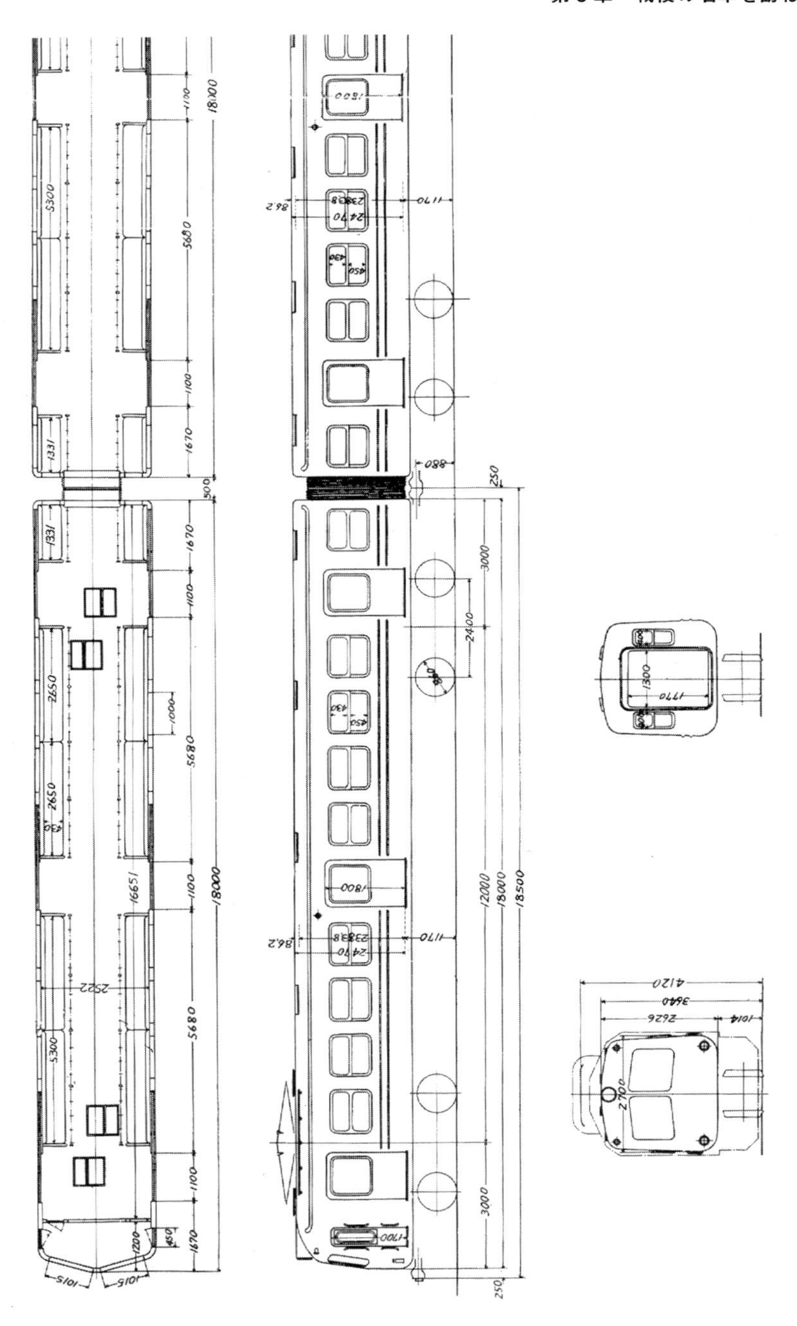

東京急行電鉄5000系形式図　所蔵：福原俊一

画期的な超軽量構体など当時の新技術を数多く盛り込み、東急電鉄のイメージアップに大きく貢献した5000系　提供：東急電鉄

で約31%の軽量化が図られた。

当時の私鉄経営者協会で「電車改善連合委員会」が組織されて車両の軽量化と主要機器の規格統一の研究が進められ、台車と主電動機の標準仕様書が昭和29（1954）年5月に制定された。5000系の台車と主電動機はこの仕様書に準拠して製作され、台車は記号N17-R24が採用された。このTS-301台車は当時の鉄道車両に適用されて間もない全溶接構造を採用して軽量化を図ったほか、まくらばね（コイルばね）の横剛性で左右動を吸収することにより、揺れまくらつりを廃止した方式が採用された。この方式は後の空気ばね台車で普及するが、いち早く採用した点は特筆されよう。

主電動機は標準仕様書で制定された主電動機のなかで最大出力の110kW（記号H-110X、東芝形式SE-518）が採用され、駆動装置は直角カルダンが

標準仕様書（主電動機種類一覧）主電動機重量・外形寸法限度

番号	記号	電車線電圧（V）	定格電圧（V）	定格出力（kW）	定格回転数（rpm）	重量（kg）	長さ（mm）	直径（mm）
1	L-55X	600	300	55	2000	500以下	750	500
2	L-55Y	600	300	55	1600	560以下	750	500
3	L-75X	600	300	75	2000	580以下	800	530以下
4	L-75Y	600	300	75	1600	660以下	800	560以下
5	L-75Z	600	300	75	1600	800以下	800	560以下
6	L-110X	600	300	110	2000	760以下	880	560以下
7	L-110Y	600	300	110	1600	870以下	880	560以下
8	H-55X	1500	750	55	2000	510以下	750	500
9	H-55Y	1500	750	55	1600	580以下	750	500
10	H-75X	1500	750	75	2000	600以下	800	530以下
11	H-75Y	1500	750	75	1600	680以下	800	560以下
12	H-110X	1500	750	110	2000	750以下	880	560以下
13	H-110Y	1500	750	110	1600	860以下	880	560以下

採用された。高性能電車の駆動方式といえばＷＮか中空軸平行カルダンが連想されるが、当時のＷＮは三菱電機が米国ウェスチングハウス社との技術提携により標準軌の営団丸ノ内線300形の製作間もない時期で狭軌ＷＮは実用化されておらず、中空軸平行カルダンも東洋電機製造が京阪1800形で実用化間もない時期だった。これらが普及するのは昭和30年代に入ってからのことで、初期高性能電車の多くは終戦後間もない時期から開発が進められていた直角カルダンが採用されたのである。

制御装置は東芝製のＰＥ制御装置で、力行と発電ブレーキを1個のカムモーターで制御する多段制御器が採用された。東芝のＰＥ制御装置は5000系のPE11と京阪神急行1000系のPE10が昭和29年度に製作されたが、これを基本に三菱電機・東洋電機製造など他社の技術を付加して国鉄新性能電車用のCS12制御装置（東芝形式PE14）が誕生した。なお国鉄新性能電車用制御装置のもう一方の雄であるCS15は、小田急ＳＥ車に採用された東芝製MM50制御装置が基本となっていることを蛇足ながら申し添えておこう。

5000系の車体長は当時の大手私鉄の標準長さである18ｍ（東急の従来車は17ｍ）とし、前頭形状は一世を風靡していた国鉄湘南形電車に似た鼻筋の1本通る前面2枚窓のデザインが採用された。編成は当時の東横線に合わせて両端の電動車に付随車を組み込んだ3両編成で、全電動車が主流だった初期高性能電車としては異色な存在だったが、当初は下記の3両編成（Mc＋Ｔ＋Mc）で使用された。

←渋谷　デハ5000＋サハ5050＋デハ5000　桜木町→

5000系の変遷

5000系は昭和29年10月から東横線で営業運転を開始し、翌30年4月から復活した東横線急行運転に使用された。丸味を帯びたスマートかつ近代的なスタイルは在来車に比べて「泥田に鶴」の趣で、ライトグリーン（萌黄色）の塗色から「青ガエル」のニックネームが付けられた。後から来る5000系まで待つ乗客が多かったとか乗車した小学生がなかなか降りなかったというエピソードが残されるなど、5000系は看板車両の座を不動のものとし、東横線のみならず東急のイメージアップに大きく貢献した。

5000系は30年度以降も増備が続き、編成も輸送量の増加に対処するため4～5両に増強され、車種も新たに中間電動車デハ5100形と制御車クハ5150形が加わって、34年10月までに総勢105両が製造された。この間の33年11月には日本初のステンレス車両5200系3両（後に4両）1編成が東急車輛で製造され、5000系とともに東横線で営業運転を開始した。

5200系が営業運転を開始した33年12月には5000系にラジオ放送受信装置を取付け、車内放送を開始した。旅客車のラジオ放送サービスはラジオ放送自体が開始間もない大正年間の電7系（南海）まで遡るが、当時は昭和32年12月に近鉄特急2250・6421系で、33年11月に国鉄のビジネス特急「こだま」でシートラジオサービスが提供された程度だった。優等列車はともかく一般の通勤車両では珍しいサービスで、垢抜けした東横線らしい時代を先取りしたサービスでもあったが、静けさを好む乗客から騒音という苦情もあって39年に中止された。

5000系・5200系は東横線の主役として活躍を続けたが、37年にはオールステンレス車7000系、さらに44年には20m車体の界磁チョッパ車8000系が就役し、5000系・5200系は徐々に脇役に転じて田園都市線・目蒲線への転出が進められ、55年3月には東横線から姿を消した。さらに新鋭ステンレス車の投入により淘汰が進み、最後まで残った目蒲線の営業運転も61年6月に終了、翌62年度には車籍上も全車両が淘汰され東急5000系は33年の歴史に幕を閉じた。

昭和61年に東急から引退した5000系。写真はさよなら運転のヘッドマークを付けて走行する様子　提供：東急電鉄

ローカル私鉄への旅立ち

新鋭ステンレス車の増備により東横線からの撤退を余儀なくされた5000系だったが、18mの軽量車で地上設備に負担がかからないこと、短い編成でも走行可能なことなどローカル私鉄での使用に適した特長を持っていた。東急電鉄は古くからローカル私鉄に車両譲渡を進めていたが、昭和50年代以降は5000系のローカル私鉄への譲渡が進められ、北は福島交通から南は熊本電気鉄道にいたる6社へ総勢67両が譲渡された。

■長野電鉄

5000系が譲渡された第1陣となったのは長野電鉄であった。同社は長野−善光寺下間の地下化を進めていたが、この地下区間での運転に対応するため防火対策を施したA基準車が必要になったことから5000系に白羽の矢を立て、昭和52（1977）年度から60年度にかけて計29両が転入した。信州中野−湯田中間の連続勾配での走行を考慮して2両編成のモハ2500形は主電動機出力が増強されたほか、客室・運転室の暖房強化なども施行され、外部色はリンゴの色を舟形にデザインした赤とクリーム色のツートンカラーに一新した。

長野電鉄に向けて、国鉄線上を甲種輸送される東急5000系。新天地では2500系・2600系の形式名が与えられた　提供：東急電鉄

■福島交通

福島交通は経年の高い在来車の置替えを計画したが、橋梁の強度の関係で軽量車が必要なことから5000

落成直後の長野電鉄2500系。長津田工場で長野電鉄向けの改造が行われている　写真：三浦　衛

福島交通に入線したグループもあった（同社 5000 形）。昭和 55 年から平成 3 年まで活躍を続けていた　写真：三浦　衛

系に白羽の矢を立て、55年度と57年度の二回にわたって、Mc＋Mc編成×2の計4両が転入した。同社の架線電圧は750Vだったので1500V仕様から降圧改造が行われたほか、57年度転入車は種車の中間電動車の先頭車化改造が施行された。外部色は長野電鉄と同様に赤とクリーム色のツートンカラーとしたが、前頭部の塗分けはいわゆる金太郎の腹掛けスタイルとなった。

■岳南鉄道

富士山の南麓を走る岳南鉄道は在来つりかけ車のカルダン車置替えを計画

岳南鉄道では昭和 56 年から平成 14 年にかけて同社 5000 系として運用された。入線時には前部標識灯はシールドビーム 1 灯化されている　写真：三浦　衛

5000系譲渡車の会社別年度末両数変遷

	昭51	52	53	54	55	56	57	58	59	60	61	62	63	平1	2	3	4	5	6	7	8	9	10	11	12	13	14		25	26	27	28
長野電鉄	0	11	17	21	26	26	26	26	26	29	29	29	29	29	29	29	29	19	13	8	8	3	0	0	0	0	0		0	0	0	0
福島交通	0	0	0	0	2	2	4	4	4	4	4	4	4	4	4	0	0	0	0	0	0	0	0	0	0	0	0		0	0	0	0
岳南鉄道	0	0	0	0	0	8	8	8	8	8	8	8	8	8	8	8	8	8	8	8	6	2	2	2	2	2	0	…	0	0	0	0
熊本電気鉄道	0	0	0	0	0	2	2	2	2	6	6	6	6	6	6	6	6	6	6	6	5	5	5	4	3	2	2		2	1	0	0
上田交通	0	0	0	0	0	0	0	2	2	2	10	10	10	10	10	10	10	0	0	0	0	0	0	0	0	0	0		0	0	0	0
松本電気鉄道	0	0	0	0	0	0	0	0	0	0	8	8	8	8	8	8	8	8	8	8	8	8	8	4	0	0	0		0	0	0	0

し、56年度にMc＋Tc編成×４の計８両が転入した。このうちクハ5100形は種車にオリジナルと同じ形状の運転台が新設され、外部色は全面オレンジの派手な配色となった。

■熊本電気鉄道

熊本電気鉄道も老朽化した在来車置替えを計画し、福島交通と同様に橋梁の関係で軽量車が必要だったことから5000系に白羽の矢を立て、56年度と60年度の二回にわたって計６両が転入した。同社の架線電圧は600Vのため1500V仕様から降圧改造、ワンマン運転化改造が施行されたほか、60年度転入車の４両は単行運転ができるように種車の連結面側に切妻貫通タイプの運転台が新設された。外部色は56年度転入車は東急時代のグリーン塗装のままだったが、60年度転入車はグリーンに黄色とオレンジ色の帯を加えた塗装に変更された。

■上田交通

上田交通は丸窓電車と通称されたモハ5250形の増結車として、58年度にサハ5350形２両を転入した。転入後の形式はクハ290形で、種車に新設された運転台は切妻３枚窓のスタイルとなり、外部色は丸窓電車に合わせてダークブルーとクリームのツートンカラーに変更された。その後同社の1500V昇圧を機に5000系８両と5200系２両の合計10両が転入し、車種統一が図られた。Mc＋Tc編成とする関係で電装解除が行なわれたほか、長野電鉄と同様に暖房強化などが施行された。外部色はアイボリーを基調に兜を模したダークグリーンと山吹色の波形ストライプが入るデザ

長津田工場で落成した直後の上田交通クハ290形。昭和61年の別所線昇圧まで活躍した　写真：三浦　衛

松本電気鉄道（現・アルピコ交通）の昇圧時に入線した5000形。後方確認用のバックミラーが外観上の特徴となっている　写真：三浦　衛

インに変更された（後にアイボリーをライトグリーンに変更）。

■**松本電気鉄道（現・アルピコ交通）**

松本電気鉄道は61年の1500V昇圧を機に5000系のMc＋Mc編成×1とMc＋Mc編成×3の2の8両が転入し、車種統一が図られた。Mc＋Tc編成とする関係で電装解除が行なわれたほか、ワンマン運転化改造、暖房強化などが施行された。Mc＋Mc編成のモハ5007・モハ5009は単行運転も可能なように連結面側は貫通扉を設けた運転台が新設された（実際には1両で営業運転されることはなかったようであるが…）。また外部色は松本電気鉄道の頭文字のＭＲＣのロゴマークが入ったトリコロールに変更された。

□

全国のローカル私鉄に舞台を移した5000系は各社の車両近代化や輸送力増強に貢献したが、活躍した期間は意外に短かった。福島交通では平成3年の1500V昇圧を機に東急7000系ステンレス車への転入により全廃したのを皮切りに、上田交通は東急7200系ステンレス車の転入により5年度に、長野電鉄は営団3000系の転入により10年度に、松本電気鉄道は京王3000系ステンレス車の転入により12年度に、岳南鉄道も京王3000系ステンレス車の転入により14年度に、それぞれ全車両が淘汰された。このうち上田交通を引退したモハ5001・モハ5201（東急時代のトップナンバー車デハ5001・デハ5201）は東急に里帰りし、同社長津田車両工場で新造当初の姿へ復元され、生みの親である東急車輛製造横浜製作所で保管されていた。その後、デハ

5001は車体後部を切断し、台車・床下機器を撤去した状態で平成18年から渋谷駅ハチ公口に展示されている。一方、日本初のステンレス車デハ5201は産業遺産としての価値が認められ、横浜製作所内で静態保存されている。

熊本電気鉄道5100形の現況

淘汰が進められた東急5000系であるが、平成25年3月現在、熊本電気鉄道では5100形が今なお現役で走っている。同社は7年度から都営6000系を転入して元東急5000系の淘汰を進めたが、両運改造車の5101Aと5102Aの2両が健在で、上熊本－北熊本間の折返し運転に使用されている。この2両はデハ5031･5032として昭和31年度に製造され、60年度の熊本電鉄転入後は5101･5102に改番され、平成16年度のＡＴＳ取付に伴い末尾に「A」が追加された経歴を持つ古強者である。外部色はＡＴＳ取付時に東急時代のライトグリーンに変更されたが、5101Aは24年度にラッピングトレインに装いが改められた。北熊本の車両基地では5102Aが入場中だったが、PE制御装置も丹念に整備され、車両を大事に扱う良き伝統が脈々と受け継がれている様子がうかがえた。保守面はいかがですかとお聞きしてみたところ、部品の確保に苦労するとのことだった。

「ある部品の現物を地元の鉄工所に持っていって、製作をお願いしたこともありますよ」と同社車両課の上田裕治氏（取材当時課長）は苦労の一端を語った。もっと大変なのが故障発生時で、翌日の営業運転に間に合わせるため徹夜で復旧にあたる場合もあるという。翌日の営業運転で確認するまで気は抜けませんと語る検修担当の大津貴史氏の言葉からは、明治42年の創立以来百年にわたる歴史を持つ現場力が伝わってきた。

卵殻形の車体形状は製作面や製作費の難点があり、窓下の座席部を広くとれるメリットを活かせる特急車両はともかく、高性能通勤車両では「四角四面」が主流になり、東急5000系で試みた卵殻形の構体は普及せずに終わり、軽量化はアルミ構体や軽量ステンレス構体に託されることになったが、5100形の車体形状はスマートさを失っていない。また東急5000系に使用された台車や直角カルダンは、台車枠に亀裂が生じたりカルダン継手が破損するなどの初期トラブルが多発したが、関係者の懸命な努力により後年は安定し、熊本電気鉄道をはじめとするローカル私鉄まで通算すると50年以上にわた

東京急行電鉄5000系　車歴表（作成：三浦　衛）						
車両番号	東急 新製年月日	東急 廃車年月日	譲渡先車両番号	譲渡先 竣工年月日	譲渡先 廃車年月日	備考
●デハ5000形						
5001	昭和29.10.15	昭和61.7.28	上田モハ5001	昭和61.7.28	平成5.5.28	
5002	昭和29.10.15	昭和61.7.28	上田クハ5051	昭和61.7.28	平成5.5.28	
5003	昭和29.10.15	昭和61.6.15				
5004	昭和29.10.15	昭和61.7.4				
5005	昭和29.12.15	昭和61.7.28	上田モハ5002	昭和61.7.28	平成5.5.28	
5006	昭和29.12.15	昭和61.7.28	上田クハ5052	昭和61.7.28	平成5.5.28	
5007	昭和29.12.28	昭和60.11.10				
5008	昭和29.12.28	昭和60.11.19				
5009	昭和30.6.20	昭和60.12.9				
5010	昭和30.6.20	昭和60.12.9				
5011	昭和30.7.23	昭和55.1.10	長野モハ2508	昭和55.1.12	平成6.9.10	
5012	昭和30.7.23	昭和55.1.10	長野クハ2558	昭和55.1.12	平成6.9.10	
5013	昭和30.9.27	昭和55.10.13	長野モハ2612	昭和55.10.22	平成10.10.1	
5014	昭和30.9.27	昭和55.10.13	長野モハ2602	昭和55.10.22	平成10.10.1	
5015	昭和31.3.29	昭和55.10.13	長野モハ2510	昭和55.10.22	平成9.6.13	
5016	昭和31.3.29	昭和55.10.13	長野クハ2560	昭和55.10.22	平成9.6.13	
5017	昭和31.5.10	昭和61.7.28	上田モハ5003	昭和61.7.28	平成5.5.28	
5018	昭和31.5.10	昭和61.7.28	上田クハ5053	昭和61.7.28	平成5.5.28	
5019	昭和31.6.10	昭和53.9.10	長野モハ2505	昭和53.9.11	平成5.7.31	
5020	昭和31.6.10	昭和53.9.10	長野クハ2556	昭和53.9.11	平成7.3.31	
5021	昭和31.7.25	昭和53.9.10	長野モハ2506	昭和53.9.11	平成7.3.31	
5022	昭和31.7.25	昭和53.2.11	長野クハ2553	昭和53.2.11	平成5.12.15	
5023	昭和31.8.25	昭和53.2.11	長野モハ2504	昭和53.2.11	平成5.6.11	
5024	昭和31.8.25	昭和61.12.9	松本クハ5002	昭和61.11.26	平成12.1.20	
5025	昭和31.9.22	昭和55.12.15	福島デハ5021	昭和55.12.27	平成3.9.5	
5026	昭和31.9.22	昭和55.12.15	福島デハ5020	昭和55.12.27	平成3.9.5	
5027	昭和31.9.28	昭和56.6.10	岳南モハ5001	昭和56.6.10	平成10.1.31	
5028	昭和31.9.28	昭和56.6.10	岳南モハ5002	昭和56.6.10	平成14.12.7	
5029	昭和31.12.15	昭和52.9.13	長野モハ2502	昭和52.9.13	平成5.6.11	
5030	昭和31.12.15	昭和61.7.28	上田クハ5054	昭和61.7.28	平成5.5.28	
5031	昭和32.1.13	昭和60.12.9	熊本モハ5101	昭和60.12.26	平成28.2.29	(*平成16.10.13 ATS取付け モハ5101A)
5032	昭和32.1.13	昭和60.12.9	熊本モハ5102	昭和60.12.26	平成27.3.10	(*平成16.7.13 ATS取付け モハ5102A)
5033	昭和32.2.14	昭和52.7.13	長野モハ2611	昭和52.9.13	平成7.8.21	
5034	昭和32.2.14	昭和61.12.9	松本クハ5004	昭和61.11.26	平成12.1.20	
5035	昭和32.3.25	昭和52.9.13	長野モハ2501	昭和52.9.13	平成7.3.31	
5036	昭和32.3.25	昭和52.9.13	長野モハ2601	昭和52.9.13	平成7.8.21	
5037	昭和32.12.25	昭和53.2.11	長野モハ2503	昭和53.2.11	平成5.12.15	
5038	昭和32.12.25	昭和60.12.9	熊本モハ5104	昭和60.12.26	平成13.12.17	
5039	昭和33.1.20	昭和53.9.10	長野モハ2507	昭和53.9.11	平成5.12.1	
5040	昭和33.1.20	昭和56.6.10	岳南モハ5003	昭和56.6.10	平成9.1.31	
5041	昭和33.6.1	昭和60.11.2	長野モハ2613	昭和60.11.2	平成9.5.21	
5042	昭和33.6.1	昭和60.11.2	長野モハ2603	昭和60.11.2	平成9.5.21	
5043	昭和33.8.28	昭和56.11.24	熊本モハ5043	昭和56.12.15	平成12.1.11	(*昭和63.8.15 両運化改造 モハ5105)
5044	昭和33.8.28	昭和56.11.24	熊本モハ5044	昭和56.12.15	平成9.1.25	
5045	昭和33.9.30	昭和55.1.10	長野モハ2509	昭和55.1.12	平成8.3.28	
5046	昭和33.9.30	昭和55.1.10	長野クハ2559	昭和55.1.12	平成8.3.28	
5047	昭和33.12.26	昭和61.12.9	松本モハ5001	昭和61.11.26	平成12.1.20	
5048	昭和33.12.26	昭和61.12.9	松本クハ5006	昭和61.11.26	平成12.9.27	
5049	昭和34.2.26	昭和56.6.10	岳南モハ5004	昭和56.6.10	平成10.1.31	
5050	昭和34.2.26	昭和61.12.9	松本モハ5009	昭和61.11.26	平成12.9.27	
5051	昭和34.7.31	昭和61.12.9	松本モハ5003	昭和61.11.26	平成12.1.20	
5052	昭和34.7.31	昭和61.12.9	松本モハ5007	昭和61.11.26	平成12.9.27	
5053	昭和34.10.15	昭和60.12.9	熊本モハ5103	昭和60.12.26	平成13.1.10	
5054	昭和34.10.16	昭和61.7.28	上田モハ5004	昭和61.7.28	平成5.5.28	
5055	昭和34.10.22	昭和61.12.9	松本モハ5005	昭和61.11.26	平成12.9.27	

（左ページから続く）						
●デハ 5100 形						
5101	昭和 32.5.1	昭和 60.11.2				
5102	昭和 32.5.1	昭和 58.6.15				
5103	昭和 32.5.29	昭和 57.6.17				
5104	昭和 32.5.30	昭和 60.12.25				
5105	昭和 32.7.25	昭和 61.1.11				
5106	昭和 32.7.26	昭和 60.11.2				
5107	昭和 32.8.25	昭和 58.7.8				
5108	昭和 32.8.26	昭和 58.7.20				
5109	昭和 32.9.14	昭和 60.12.9				
5110	昭和 32.10.1	昭和 57.10.15	福島デハ 5022	昭和 57.10.20	平成 3.9.5	
5111	昭和 32.10.26	昭和 58.5.18				
5112	昭和 32.11.26	昭和 57.10.15	福島デハ 5023	昭和 57.10.20	平成 3.9.5	
5113	昭和 33.2.24	昭和 58.7.14				
5114	昭和 33.3.1	昭和 56.6.10	岳南クハ 5103	昭和 56.6.10	平成 9.1.31	
5115	昭和 33.3.25	昭和 61.7.28				
5116	昭和 33.4.1	昭和 62.11.6				
5117	昭和 33.4.23	昭和 61.3.19				
5118	昭和 33.5.3	昭和 61.2.4				
5119	昭和 34.10.28	昭和 59.5.17				
5120	昭和 34.10.28	昭和 60.12.9				
●クハ 5150 形						
5151	昭和 34.5.31	昭和 53.2.11	長野クハ 2554	昭和 53.2.11	平成 5.6.11	
5152	昭和 34.5.31	昭和 53.9.10	長野クハ 2555	昭和 53.9.11	平成 5.7.31	
5153	昭和 34.5.31	昭和 52.9.13	長野クハ 2552	昭和 52.9.13	平成 5.6.11	
5154	昭和 34.10.16	昭和 53.9.10	長野クハ 2557	昭和 53.9.11	平成 5.12.1	
5155	昭和 34.10.22	昭和 52.7.13	長野クハ 2551	昭和 52.9.13	平成 7.3.31	
●サハ 5350 形（新製時はサハ 5050 形 5051 ～ 5075　昭和 34.8.1 改番）						
5351	昭和 29.10.15	昭和 61.6.15				
5352	昭和 29.10.15	昭和 61.5.5				
5353	昭和 29.12.15	昭和 60.11.10				
5354	昭和 29.12.28	昭和 61.6.29				
5355	昭和 30.6.20	昭和 60.11.19				
5356	昭和 30.7.23	昭和 61.2.12				
5357	昭和 30.9.27	昭和 55.10.13	長野サハ 2652	昭和 55.10.22	平成 10.10.1	
5358	昭和 31.3.29	昭和 58.10.10	上田クハ 291	昭和 58.10.10	昭和 61.10.1	
5359	昭和 31.5.10	昭和 61.2.19				
5360	昭和 31.6.10	昭和 61.3.5				
5361	昭和 31.7.25	昭和 56.6.10	岳南クハ 5101	昭和 56.6.10	平成 10.1.31	
5362	昭和 31.8.25	昭和 61.5.24				
5363	昭和 31.9.22	昭和 56.6.10	岳南クハ 5102	昭和 56.6.10	平成 14.12.7	
5364	昭和 31.9.28	昭和 56.6.10	岳南クハ 5104	昭和 56.6.10	平成 10.1.31	
5365	昭和 31.12.15	昭和 61.5.5				
5366	昭和 32.1.13	昭和 59.5.17				
5367	昭和 32.2.14	昭和 52.9.13	長野サハ 2651	昭和 52.9.13	平成 7.8.21	
5368	昭和 32.3.25	昭和 61.7.5				
5369	昭和 32.12.25	昭和 61.3.5				
5370	昭和 33.1.20	昭和 61.7.5				
5371	昭和 33.6.1	昭和 58.10.10	上田クハ 292	昭和 58.10.10	昭和 61.10.1	
5372	昭和 33.8.28	昭和 61.5.12				
5373	昭和 33.9.30	昭和 57.12.2				
5374	昭和 33.12.26	昭和 57.12.2				
5375	昭和 34.2.26	昭和 60.11.2	長野サハ 2653	昭和 60.11.2	平成 9.5.21	
●デハ 5200 形						
5201	昭和 33.12.1	昭和 61.7.28	上田モハ 5201	昭和 61.7.28	平成 5.5.28	
5202	昭和 33.12.1	昭和 61.7.28	上田クハ 5251	昭和 61.7.28	平成 5.5.28	
●デハ 5210 形						
5211	昭和 34.11.5	昭和 61.7.28				
●サハ 5250 形						
5251	昭和 33.12.1	昭和 61.9.6				

って使用された。5100形は初期高性能電車の歴史を伝える貴重な存在だ。

入場中の5102Aは25年夏までに出場予定とのことだったが、何分にも60年に近い経年の車両であり、余命もそれほど長くないであろうことは容易に想像される。熊本電鉄は他のローカル私鉄同様厳しい経営環境に置かれているが、5100形は「地域とともに、地域住民のために」を企業理念とする同社の重要な戦力である。そんな「青ガエル」最後の生き残り2両にエールを送り、今後の健闘を祈りながら北熊本の車両基地を辞した。

（初出：『鉄道ファン』2013年7月号）

熊本電気鉄道 5100 形　車歴表

車両番号	改造前番号	改造年月日	廃車	備考
モハ 5105	熊本モハ 5043	昭和 63.8.15	平成 12.1.11	
モハ 5101A	熊本モハ 5101	平成 16.10.13	平成 28.2.29	平成 29 年 3 月現在 動態保存
モハ 5102A	熊本モハ 5102	平成 16.7.13	平成 27.3.10	

熊本電気鉄道にとっては初のカルダン駆動車となった5100形。写真の5101は5102とともにATS改造され、車番も5101A、5102Aと改められている　写真：本多健太

最晩年まで良好に整備されていた5100形の制御装置

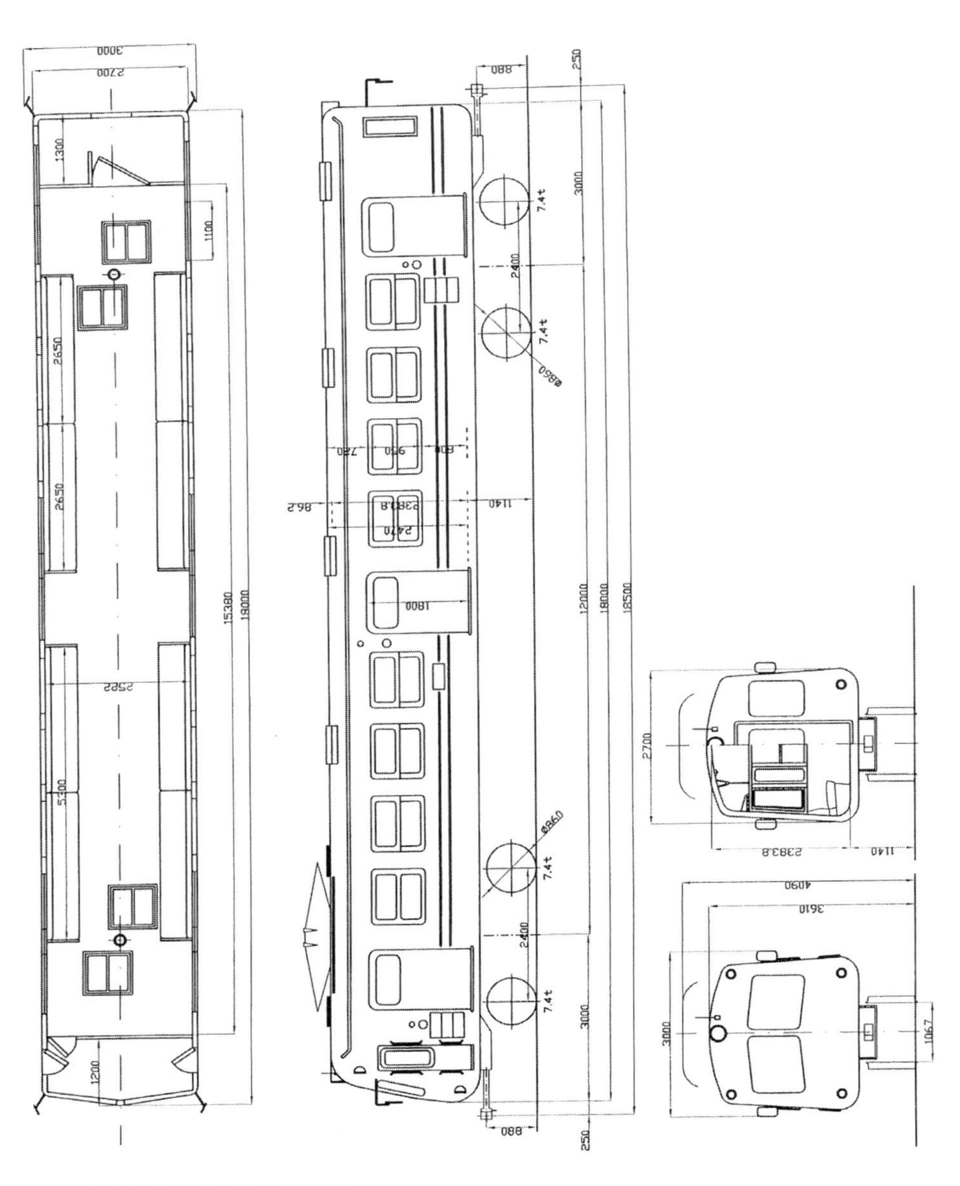

熊本電気鉄道モハ5101A形式図

その後の5100形（追記）

東急5000系最後の生き残りとなった熊本電気鉄道5100形だったが、部品の調達が困難なこと、車体老朽化も著しかったこともあり、東京地下鉄銀座線01系廃車車両の2両2編成を購入改造して置替えられることになった。購入した01系は主回路システムをインバータに取替えたほか、efWING台車に取替えなどの大改造を平成26年度に施行し、27年3月から営業運転を開始した。これと入れ替わるように5102Aが3月8日の営業運転を最後に引退、3月10日付で廃車された。

翌年に01系2編成目も27年度に改造され、これに伴い5101Aも引退する

熊本電鉄ではさよなら運転（左）終了後も5100形を用いたイベントが催行されている。右は鉄道ファン向けに実施した運転体験イベント　提供：熊本電気鉄道（2点とも）

アルピコ交通（旧松本電気鉄道）の新村車両所（車両基地）にはオリジナル塗色（東急時代）を身にまとう5000形が静態保存されている　写真：齋藤貴志

総合車両製作所のデハ5201の案内板。本形式登場の歴史的な意義について解説されている

5000系のステンレス仕様・5200系。日本機械学会の機械遺産第51号の認定も受けたデハ5201は総合車両製作所で静態保存されている

渋谷のハチ公前広場には、5000系のカットボディが設置されている　提供：東急電鉄

ことになり、28年2月14日のラストラン当日は後に引退セレモニーが行われた。引退後の2月29日付で廃車されたが解体されず、平成29年3月現在も北熊本の車両基地で動態保存されイベントなどに活用されている。

□

上田交通を引退したモハ5001・モハ5201（東急時代のトップナンバー車デハ5001・デハ5201）は先述のように新造当初の姿へ復元され、生みの親である東急車輛製造横浜製作所で保管されていた。その後、デハ5001は車体後部を切断し、台車・床下機器を撤去した状態で平成18年から渋谷駅ハチ公口に展示され、29年3月現在も渋谷のシンボルとして親しまれている。

東急車輛製造は平成24年4月にＪＲ東日本に事業譲渡され、総合車両製作所（J-TREC）として発足した。東急車輛時代から日本最初のオールステンレス車7000系（デハ7052）が入替え用に使用していたが、デハ5201とデハ7052は産業技術遺産としての価値が認められ、J-TREC発足間もない24年7月に日本機械学会「機械遺産」に認定された。日本初のステンレス車デハ5201はデハ7052とともに平成29年3月現在も新製時と変わらない外観のままJ-TRECの横浜事業所で永久保存されている。

長野電鉄2000系

初出：「鉄道ファン」2011年9月号／取材日：平成23年6月10日

登場時、数々の新機軸を採用した長野電鉄2000系。しかし、取材時点で最後に残っていた編成にも引退が迫っていた。なつかしの169系とのツーショット　写真：三浦　衛

長野電鉄は、長野県北部に路線を持ち、志賀高原を中心とする上信越高原国立公園への玄関口である湯田中と、県都長野を結ぶ私鉄である。今回、昭和32（1957）年3月の営業運転開始以来、長野電鉄を代表する車両として活躍を続ける2000系に対面するため、須坂駅に隣接した合同事務所を訪れた。

＊　＊　＊

ここで2000系の来歴を紹介しよう。戦後の復興とともに増加する志賀高原への観光客の輸送需要に対処するため、長野電鉄は新製や鋼体化改造などによって車両を増強し、昭和27年から長野―湯田中間で急行運転を開始していたが、質量ともに十分とは言いがたかったことから、新鋭車による特急運転の検討が31年にスタートした。志賀高原は、長野電鉄初代社長の神津藤平氏が戦前期から開発に尽力した観光地で、神津の出身地である志賀村（現在の佐久市）からネーミングしたと言われているが、余談はさておき志賀高原を訪れる当時のハイキングやスキー客は、信越本線接続駅の

神津藤平氏　提供：長野電鉄

湘南スタイルのスマートな風貌の2000系。誕生当時は最大出力だった狭軌WN駆動の実用化、高性能電車最後の単位スイッチ式制御装置など、産業技術史から見ても意義深い車両だ

長野駅や屋代駅から長野電鉄に乗り換えるのが一般的で、特急運転の構想は時代の流れでもあった。

2000系については『鉄道ファン』2006年4月号（通巻540号）に、長野電鉄OBで趣味人でもある故・小林宇一郎氏が誕生当時を中心にした思い出話を記され、『鉄道ピクトリアル』2003年1月号（通巻726号）では日本車輌製造がメーカーの立場から解説されているので、本書では新製時の諸元や概要は省略するが、長野電鉄が制作した「2000系ロマンスカー説明書」の巻頭に、当時の神津藤平社長が「この車両は現在わが国における最も進歩した最新の車両技術をことごとく取り入れた新鋭優秀車両であると確信いたす次第であります」と記したように、確固たる設計思想が盛り込まれた車両だったことを明記しておきたい。

2000系は、湘南スタイルのスマートな風貌もさることながら、誕生当時は最大出力の狭軌WN駆動を実用化した記念すべき車両で、同時に単位スイッチ式制御器を使用した電車として国内に現存する最後の車両でもあり、産業技術史的にも意義深い存在なのである。

狭軌WNの採用

ここで、2000系の技術的特徴を述べてみたい。電車の駆動方式はつりか

竣工当時のD編成。スペックの優秀さもさることながら、丸みを帯びた優美なスタイルも話題を集めた　写真：日本車輌製造

竣工当時の2000系の室内。観光輸送を主眼に製作されたため、回転クロスシートが設置された　写真：日本車輌製造

け式が古くから用いられていたが、長野電鉄で特急運転の構想がスタートする少し前の昭和20年代後半に、主電動機を車軸から分離して台車装荷し、たわみ継手を用いて動力を伝達するカルダン駆動が台頭してきた。このカルダン駆動を使用した電車を一般に「高性能電車」と称し、軽量構体など戦後勃興した新しい車両技術を盛り込んだ近代的な電車が、私鉄各社で一斉に実用化されていった。高性能電車の黎明期の駆動装置は、直角カルダンが採用されたが、保守面に難点があったことなどから普及にはいたらず、WNや中空軸平行カルダンが主流となっていった。

登場から間もないC編成。登場から長らく非冷房だったが、平成初期に冷房改造が実施されている
写真：日本車輌製造

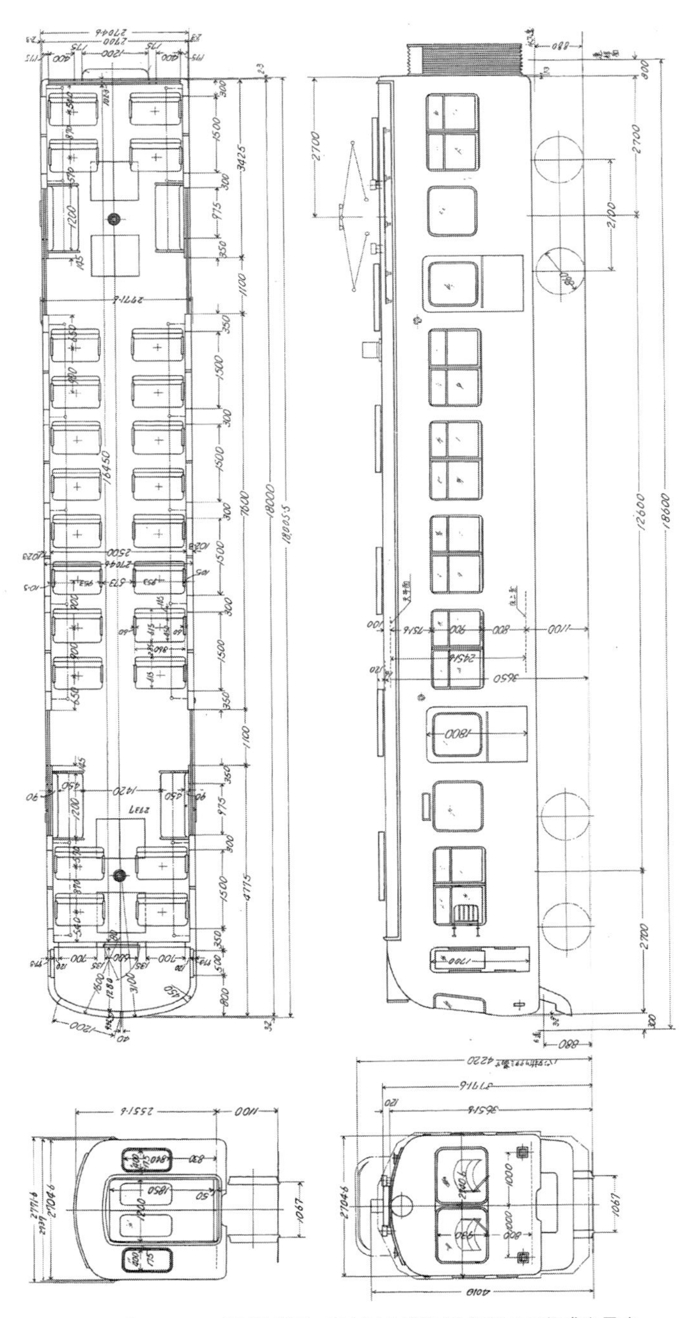

長野電鉄2000系モハ2000形 形式図　※本図は昭和39年製のD編成を示す

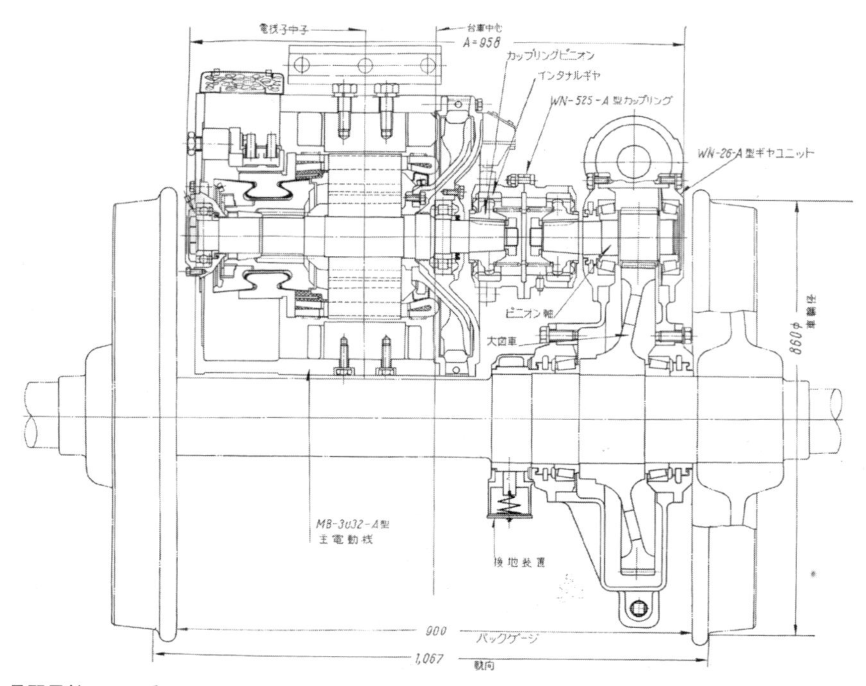

長野電鉄 2000 系 MB-3032-A 形主電動機外形図〈出典：三菱電機〉（筆者注：バックゲージ 900mm は 990mm の誤り）

中空軸平行カルダンは、東洋電機製造がスイス・ブラウンボベリー社の技術情報を基に、独自に研究開発した方式で、電機子軸を電動機内部に通して電機子軸を長くとれるようにし、車輪の内面距離（バックゲージ）の狭い狭軌にも大出力電動機が適用できる特徴を持っている。一方のWNは、ウェスチングハウス社との技術提携によって三菱電機が製作し、昭和29年に開業した帝都高速度交通営団（現在の東京地下鉄）丸ノ内線用300形で実用化させ、29年以降も近畿日本鉄道800系などに採用されていた。この方式は、中

三菱電機が製作した初期の狭軌ＷＮ駆動装置　一覧

車両竣工	事業者	車両形式	主電動機形式	出力（kW）	電圧（V）	歯数比
昭和 31 年 12 月	富士山麓	3100	MB-3033-A	55	340	6.06
昭和 32 年 2 月	長野電鉄	2000	MB-3032-A	75	340	5.47
昭和 32 年 10 月	近鉄	6800	MB-3032-S	75	340	6.06
昭和 33 年 1 月	小田急	2220･2320	MB-3032-A	75	340	5.06
昭和 33 年 3 月	伊予鉄道	600	MB-3032-C	75	340	6.06
昭和 34 年 5 月	秩父鉄道	300	MB-3032-A	75	340	5.47
昭和 35 年 1 月	小田急	2400	MB-3039-A	120	340	6.13

NA-4P形台車。2000系では1次車のA編成とB編成、および2次車のC編成で採用された電動台車（付随台車はNA-4形）で、枕ばねはコイルばねだった。この後に登場したD編成では、空気ばね台車が採用されることになる。写真提供：日本車輌製造

空軸のように複雑な構造にならない長所はあるが、その分だけ広いバックゲージが必要となり、営団300形などのような標準軌はともかく、狭軌への適用は難しいとされていた。

南海電気鉄道が難波—和歌山間の特急車両として、昭和29年に投入した11001形では、東洋電機の中空軸平行カルダンが採用され、翌30年に誕生する富山地方鉄道の14770形や名古屋鉄道の5000系など、狭軌鉄道の高性能電車には中空軸平行カルダンが採用された。日本の電気鉄道は、国鉄をはじめ、三菱電機にとって古くからのファミリーユーザーである南海や小田急電鉄など、狭軌鉄道が比較的多い。狭軌WNの開発は、三菱電機にとって、営業戦略・技術戦略面から必然的な命題であった。

三菱電機の技報に当時の開発担当者が「多年の宿願」と記した狭軌WNは、昭和31年に誕生した富士山麓電気鉄道（現在の富士急行）の3100形で実用化された。初期の高性能電車は全電動車方式が主流だったとはいえ、この3100形の主電動機出力55kWは性能面で少々物足りなかったが、狭軌WN実用化第1号となった。三菱電機は狭軌WNのさらなる改良を重ね、32年初

三菱電機が製作した主な高性能電車用制御装置

方式	車両竣工	事業者	車両形式	制御装置形式	力行段数	制動段数	主電動機形式
電空単位スイッチ	昭和28年10月	営団	300	ABFM104-6ED	18	18	MB-1447-A
	昭和29年7月	近鉄	1450	ABFM-108-15MDHA	21	13	MB-3012-B
	昭和30年11月	名鉄	5000	ABFM108-15EDHC	25	23	（東洋電機製）
	昭和31年12月	富士山麓	3100	ABF-88-15EDHA	18	17	MB-3033-A
	昭和32年2月	長野電鉄	2000	ABF-108-15EDHB	18	17	MB-3032-A
	昭和33年1月	小田急	2220	ABFM-108-15MDHB	22	13	MB-3032-A
	昭和33年3月	伊予鉄道	600	ABF-105-6ED	15	16	MB-3032-C
電動カム	昭和31年10月	京浜急行	730	ABF-108-15MDHA	20	17	MB-3028-A
	昭和32年10月	近鉄	6800	ABFM-108-15MDH	23	19	MB-3032-S
	昭和33年6月	近鉄	10000	ABF-178-15MDH	23	19	MB-3020-C

頭に誕生した長野電鉄の特急車両2000系で、ついに当時としては大出力の75kWの、狭軌WNを実用化させたのである。

WN駆動を狭軌で実現するためには、前述のように狭いバックゲージに装荷しなければならない。2000系では主電動機、主電動機の電機子軸と車軸間の偏位を吸収するギヤカップリング（たわみ継手）、ギヤユニットで構成される全体の軸方向寸法を120ページの図のように958mmに詰め、990mmのバックゲージに装荷した。2000系とほぼ同時期に誕生した京浜急行電鉄の730形も、標準軌で75kW主電動機を装備していたが、両車を比較すると、2000系の主電動機（MB-3032-A形）では軸方向を152mm短縮させ、ギヤカップリングも偏位に対する許容量見直しなどによって軸方向を70mm短縮させた。主電動機の歯車側はすり鉢状としてギヤカップリングが入り込んでいるが、軸方向の寸法短縮実現に向けた関係者の執念が伝わってくるような形状である。

長野電鉄2000系で結実した狭軌WNのMB-3032形主電動機は、近鉄6800系や小田急2220形といった大手私鉄などに採用された。両車とも2000系のわずか数ヵ月後に竣工した事実を見ても、狭軌WNの実用化がいかに待望されていたかが容易に想像されよう。三菱電機は狭軌WNのさらなる改良を重ね、本格的高性能電車のさきがけとして昭和35年に誕生した小田急2400形で、中空軸平行カルダンと遜色ない出力を持つ120kWの狭軌WNを実用化させたのである。

単位スイッチ式制御装置の採用

高性能電車の制御装置は、加速性能向上と乗り心地改良のため制御段数の多段化など改良が加えられたが、基本的機構はつりかけ車と同様な抵抗制御が踏襲されていた。制御装置の動作方式は「単位スイッチ式」と「カム軸式」に大別され、戦後の電車用制御装置は電動カム軸式が主流となっていた。三菱電機は、技術提携したウェスチング

長野電鉄2000系の制御装置。高性能電車では最後まで残った単位スイッチ式制御装置となった。須坂車庫にて

クリームをベースに窓まわりを赤とした新塗色化後のＤ編成モハ2008ほか３連　須坂にて　写真：三浦　衛

ハウス社の電空単位スイッチ式を基本にしたABFM形制御装置を製作して、営団300形で実用化させ、その後も同様な方式の制御装置を近鉄大阪線の通勤車両である1460系や1470系、そして長野電鉄の2000系などに納入した。しかし、単位スイッチ式制御装置は、制御段数が増えると、電動カム軸式と比較して重量面と占有スペースで不利な点は否めず、三菱電機の制御装置も昭和30年代前半には電動カム軸式に転進し、単位スイッチの時代は終焉を告げたのである。

単位スイッチ式制御装置を使用した電車は、長野電鉄2000系の増備車で採用されたほか、営団では300形の増備形式である500形で昭和39年度まで、近鉄では1470系の増備形式である2470系で42年度まで採用された。しかし、経年とともに淘汰が進み、平成23年現在では長野電鉄2000系Ｄ編成の制御装置が、高性能電車では最後の単位スイッチ式制御装置となってしまったのである。

長野電鉄2000系 車歴表（平成23年3月現在）

形式番号			新製	製造	冷房改造	走行装置更新	廃車
モハ2001	サハ2051	モハ2002	昭和32年2月	日本車輛東京支店	平成2年5月	平成11年7月	平成23年3月
モハ2003	サハ2052	モハ2004	〃	〃	平成元年7月		平成17年8月
モハ2005	サハ2053	モハ2006	昭和34年11月	〃	平成2年7月		平成18年12月
モハ2007	サハ2054	モハ2008	昭和39年8月	日本車輛名古屋本店	平成元年5月		

引退間もない D 編成

2000系は昭和32（1957）年に第1次車の2編成（A・B編成）が登場、同年3月から営業運転を開始した。さらに、34年に2次車（C編成）、39年に3次車（D編成）が増備され、4編成12両の陣容で長野電鉄の看板車両として活躍を続けた。半世紀にわたって料金を収受する「優等列車」に使用された車両は、国内ではほとんど例がない。そして何よりも21世紀にいたるまで、オリジナルに近い形態で使用された初期高性能電車としても極めて貴重な存在で、これらの事実は2000系の優秀性と使い勝手の良さを語っていると言えよう。

この半世紀の間には冷房改造（平成元～2年度）、A編成の走行装置更新（平成11年度）など、さまざまな改造工事が施行されたが、古さを感じさせないスマートな風貌は健在である。21世紀を迎えると、さすがに経年による陳腐化は隠せなくなり、東京急行電鉄8500系や小田急10000形の譲受によって、まず平成17年度にB編成、18年度にC編成が廃車された。ところが、残ったA編成とD編成は、特急運転開始から50周年の節目を迎えた平成19年、

最後の力走が続く D 編成。営業車両として最後まで残った 2000 系である　写真：三浦　衛

「マルーンに白帯」と「りんごカラー」、つまりそれぞれのかつての外部色に復元され、まだまだ末永い活躍が期待された。

しかし、平成23年にはJR東日本253系の譲受にともない、A編成が同年3月に営業運転を終了、同年7月現在ではD編成を残すのみとなってしまった。

A編成では前述の走行装置更新にともない、台車は旧営団3000系発生品のS形ミンデン台車に、制御装置は新OSカー（10系）と同様な電動カム軸式にそれぞれ換装されたが、幸いにもほかの3編成にはこの工事は施行されなかった。つまり、D編成の狭軌WNドライブと単位スイッチ式制御装置は、新製時から変わらずに使用されており、初期高性能電車の技術を21世紀に伝える車両として、産業技術史からも意義深い存在なのである。

そんなD編成も、平成23年2月にはついに定期運用から引退した。長野電鉄の話では23年8月に完全引退する予定で、引退が近づくに連れて、カメラを向ける地元の方や趣味人が増えているとのことだった。2000系は同社の看板車両として観光客、沿線住民、電鉄当局…、すべてのステークホルダーから愛され、親しまれた車両だったのである。

2000系の麗姿に見とれているうちに予定時間を過ぎたので、合同事務所を辞して須坂駅に向かった。長野電鉄の話では、D編成の引退時には「さよなら運転」を実施する予定とのことだが、そのXデーまではわずかな時間しか残されていない。長野電鉄ウェブサイトに公開されているD編成ラストランの運用時刻も数えるほどである。そんなD編成にねぎらいの言葉とエールを送り、長野行き“ゆけむり”の乗客となった。

（初出：「鉄道ファン」2011年9月号）

須坂駅構内で、旧小田急電鉄の10000形と顔を並べた2000系D編成モハ2007ほか３連　2008-3-23　写真：三浦　衛

引退直前のA編成（左）とD編成（右）。50年近くにわたって長電を支えてきた両編成の最末期の姿　提供：長野電鉄

その後の2000系（追記）

長野電鉄2000系最後のD編成は、平成23（2011）年8月に引退する予定だったが、その後24年春まで運転期間延長が公式発表され、臨時列車などで運転された。そして屋代線（須坂－屋代間）が営業廃止される24年3月31日、同線の最終営業列車での運転を最後に引退した。引退後のD編成は24年7月に小布施駅構内の「ながでん電車の広場」に収容された。車籍上は24年度末に休車扱いとされ、29年3月現在も車籍上は残されている。一方、23年3月に営業運転を終了したA編成は須坂駅構内に留置されていたが、その後旧屋代線信濃川田駅跡に移動した。29年3月現在も同駅構内跡に留置されているが、状態は良いとはいえず今後の動向が案じられるところである。

ところで当時放送されていたＢＳフジ「鉄道伝説」で筆者の拙稿を原作にして2000系の足跡が平成26年2月に紹介されることになり、監修のお手伝いをさせてもらった。2000系の運転開始当初は「特急ガール」と呼ばれた女性乗務員が乗務していたが、筆者の知己にＯＧをご存じの方がいらっしゃっ

D 編成は平成 24 年から小布施駅構内の「ながでん電車の広場」で静態保存されている　写真：齋藤貴志

平成 23 年３月の引退時には須坂駅で記念イベントが催行され、多くのファンを集めた。左の写真は二代目 OS カーとのツーショット　提供：長野電鉄

たので番組が盛り上がると思い、その方を介して担当ディレクターに紹介した。幸いなことに取材も快諾いただいたようで、小布施に取材したとき「ＯＧから当時の貴重な談話もとれました」とディレクターから喜ばれ、Ｄ編成をバックにした映像が番組内で紹介されたことを憶えている。

なお長野電鉄は2000系に続いてＯＳカー０系・10系を新製したが、その後は経営環境など諸般の情勢から車両新製はなく、首都圏民鉄・ＪＲ東日本からの譲受車が主力となっている。同社最後の新製車ＯＳカー 10系S11編成は平成15年3月に廃車された後も須坂駅構内にED1001とともに留置されていたが、両車とも解体されることになり平成29年3月にOS11編成とED1001のお別れ会が開催され、直後に解体されてしまった。

平成 24年から旧・屋代線の旧・信濃川田駅に留置されているＡ編成。屋外に置かれているため徐々に傷みが進行している（撮影は平成 28年 10月）　写真：齋藤貴志

山陽電気鉄道2000系・3000系アルミニウム（アルミ）車

初出：「鉄道ファン」2013年1月号／取材日：平成24年6月8日

日本初のアルミ車として昭和37年に登場した2000系（2012編成）。取材当時も既に本線上の運用はなく、東二見車庫で留置されていた

山陽電気鉄道は兵庫県を基盤とする準大手私鉄で、本線は神戸市長田区の西代から山陽姫路間を結び、神戸高速線を経由して阪神梅田まで直通特急を運転している。日本最初のアルミ合金車2000系2012-2505-2013（以下、2012編成という）と3000系3000-3001-3500-3600編成に対面するため、平成24（2012）年に明石市の東二見車庫を訪れた。

アルミ合金車の歴史を簡単に紹介しよう。昭和30年代には耐食アルミ合金が構体に用いられるようになり、川崎車輌（現在の川崎重工業）が昭和37（1962）年に山陽電鉄2012編成を、日本車輌製造が翌38年に北陸鉄道6010系を製作した。昭和39年に誕生した山陽電鉄の新標準形式の3000系では鉄道車両用に開発された三元合金が主要材に使われ、これを契機にアルミ合金車は飛躍する時代を迎えた。平成24（2012）年現在、アルミ合金車の累積生産両は20,000両近くに達するまでの隆盛を示しているが、2012編成と3000系はその礎として大きな足跡を記した車両なのである。

アルミ合金車の技術と誕生当時の背景

ここでアルミ合金車の技術的特徴を述べてみたい。昭和20年代後半に普通鋼によるモノコック構体が実用化され、昭和33（1958）年には東急車輛と汽車会社がスキンステンレス車を製作した。トップメーカーの川崎車輛は無塗装外板のメリットだけでなく、構体全体を軽合金化して抜本的に軽量化しようと考えていたが、折から西ドイツ国鉄向けの軽量客車でアルミ構体を試作したＷＭＤ社と技術提携してアルミ構体の設計・製作技術を導入した。川崎車輛と山陽電鉄は昭和27年に誕生した254-255更新車に塩化ビニールを採用するなど、古くから共同で技術開発する関係にあるが、ＷＭＤ社との技術提携を機にアルミ合金車の製作を決定し、2012編成が記念すべき第1号となった。

外板には船舶などの構造材で実績があり耐食性の良い5083合金を使ったと、技術導入のためＷＭＤ社に派遣され、帰国後に2012編成の設計主務を担当した大西晴美氏（後に川崎重工業車両事業部長などを歴任）は当時の思い出を語った。5083というのはアルミ合金の種類を表す記号で、Al-Mg系合金を意味している。ちなみにAl-Cu-Mg系合金がジュラルミンで、耐食性に劣るが強度が高いので航空機材料に広く使用されている。

当時の諸外国のアルミ合金車はリベット組立も少なくなかったが、日本では平滑な外板表面が好まれるので、2012編成では側構と台ワク接合部などを除いて溶接で組立てた。リベット組立ては考慮外だったと大西氏は語ったが、溶接組立て後の外板は荒れているのでサンダー仕上げし、ワイヤーブラシを回転させて丸紋付き加工した。ＷＭＤ社が1960年に製作した西ドイツ国鉄向け電車の外板表面も丸紋様に加工していた

大西晴美氏　提供：大西洋二

山陽電気鉄道2000系 重量比較　単位 :kg

	電動車（車体長 18m）		付随車（車体長 18.7m）	
	軽合金車	ステンレス車	軽合金車	ステンレス車
車体骨組	3800	7310	4100	7460
車体ぎ装	5970	7150	6250	7540
小　計	9770	14460	10350	15000
電空機器	6800	6900	1000	1000
台　車	9940	9940	9600	9600
駆動装置	5600	5600	—	—
合　計	32110	36900	20950	25600

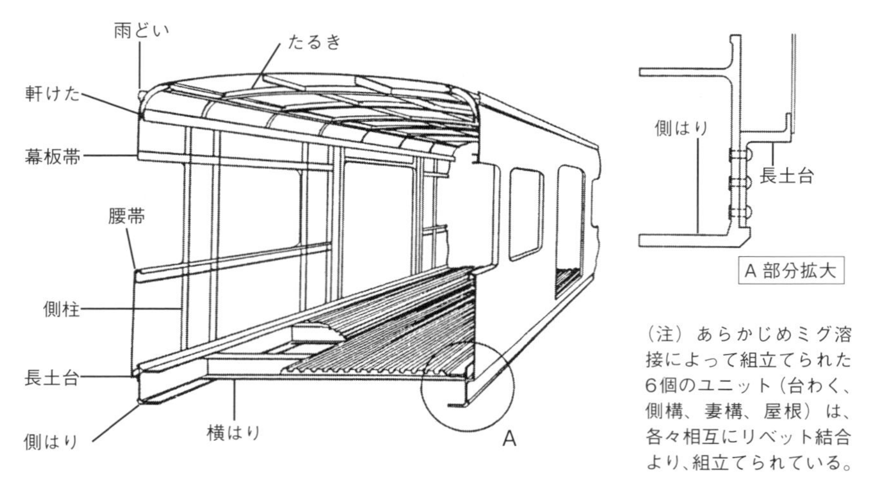

山陽電気鉄道2000系アルミ車構体見通し図　出典：「旅客車工学概論」

が、2012編成では当時のバスの模様にヒントを得て日本風にアレンジした紋様を考案したという。当時の阪神バスはウロコ紋様のアルミ板を腰部に貼っていたが、大西氏はこれをヒントに2012編成の模様を考案したのかもしれない。

山陽電鉄は、アルミ合金車と比較するため2012編成と同一の3扉ロングシート（もちろん車体長も同一）のスキンステンレス車2014編成を製作したが、アルミ合金車はスキンステンレス車と比較して5 t近い軽量化が実現できた。

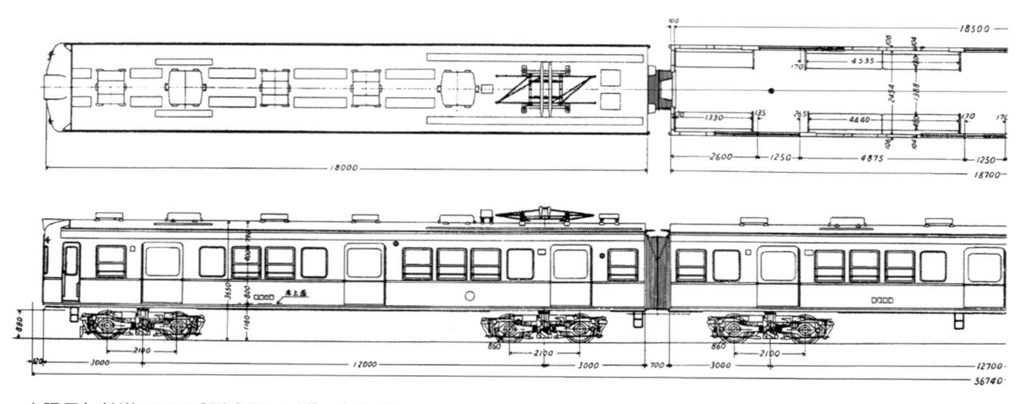

山陽電気鉄道2000系形式図　所蔵：福原俊一

山陽電気鉄道2000系３態（左からステンレス車、鋼製車、アルミ車）　所蔵：福原俊一

山陽電鉄はアルミ合金車とスキンステンレス車の使用実績を定量的に比較できるよう、積算電力計を取付けて営業運転に使用し、使用電力量などランニングコストの節減が実証された。両車に積算電力計を取付けたのは当時の山陽電鉄・平岩圭三氏（当時車両部長・後に取締役を歴任）のアイデアだった。平岩氏はアイデアマンで、前述の254-255更新車に塩化ビニールの採用を決断したのも平岩氏だったと、当時の部下だった和田幸正氏（後に車両部長、常務取締役を歴任）は思い出を語った。客室内部の無塗装化がねらいだったと和田氏は補足したが、この設計思想は後のアルミ化粧板などに結実したの

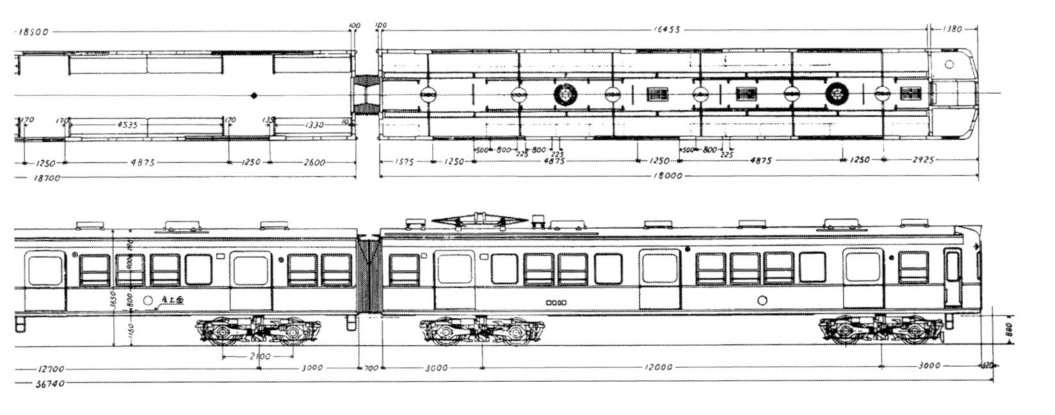

全盛期の2000系。登場から10年が経過した昭和49年3月に撮影したもの　写真:手塚一之

である。

山陽電鉄がアルミ合金車の試作を報道発表した直後、電車の乗客が弁当の梅干の種を床面に捨てたところを見た車掌が、電車の床に穴が空くと苦情を言うマンガが夕刊に掲載された。プラスチック製の弁当箱が主流となった現代ではピンと来ないが、当時の世間一般のアルミに対する認識といえば弁当箱くらいで、それも後年のようにアルマイト加工が普及しておらず、梅干の酸で穴が開きやすい時代だった。そういった懸念を払拭するため、山陽電鉄車両部で2012編成の開発を担当した渡辺寿男課長（後に同社社長・会長を歴任）は耐食アルミ合金の特性を社内外にＰＲすることからはじめなければならなかったという。

渡辺寿男氏　出典：「山陽電気鉄道百年史」

日本の鉄道にはテストコースがないため、メーカーの開発した新製品は事業者で実地に走らせて実績を確認する以外に方法がない。メーカーの持つ高度な技術やシーズが有効か否か判断できる見識が鉄道事業者に要求される。山陽電鉄と川崎車輌は事業者・メーカーの立場を超え一体となって技術開発に取組む歴史を持っているが、アルミ合金車をはじめとした多くの成果に結実し、日本の車両技術進展に大きな功績を残しているのである。

2000系アルミ車は、表面保護のため当初はクリアラッカーを吹付け塗装していたが、後年には無塗装化された　写真：和田幸正

3000系の誕生とアルミ合金車の進展

2012編成でアルミ合金の優位性を確かめた山陽電鉄はアルミ車投入の方針を固め、昭和39年に誕生した新標準形式の3000系もアルミ構体で製作した。3000系では強度と溶接性に優れた7N01と呼ばれるAl-Zn-Mg系の三元合金が台ワク主要材に使われるようになり、全溶接構造が可能となった。7N01合金を用いたアルミ構体は第2世代と呼ばれ（第1世代はもちろん2012編成を指す）、国鉄301系のほか大阪市30系や営団6000系などに採用された。

初期のアルミ合金車は板材と形材が用いられたが、押出し技術の進歩に

軽合金電車の設計と
使用経過について

昭和40年2月

山陽電気鉄道株式会社

山陽電気鉄道2000系 使用実績の比較

	軽合金車	ステンレス車
2M1T 1編成釣合速度（km/h）	132.0	131.0
加速度（km/h/s）	2.80	2.55
減速度（km/h/s）　常用	3.0	3.0
減速度（km/h/s）　非常	4.4	4.4
走行1kmあたり使用電力量（kWh）	3.47	3.77
制輪子使用指数（ステンレス車を100）	92.0	100.0

◀山陽電気鉄道は軽合金電車（アルミ車）が営業運転開始から２年間の使用実績をまとめた。消費電力量や制輪子使用量などが上表のように詳細にまとめられ、ステンレス車に比較してアルミ車の良好な実績が確かめられた　所蔵：福原俊一

併用軌道時代の電鉄兵庫駅付近を走行する 3000 系アルミ車　写真：奥野利夫

取材時に東二見車庫で撮影したアルミ車のツーショット。左は 3000 系のアルミ車 3000 編成、右は保存中の 2000 系 2012 編成

より押出形材のみで構体の構成が可能になり、ゴムタイヤ式の札幌地下鉄2000系で実用化された。さらに押出し形材の大型化や6N01と呼ばれる新しいアルミ合金の開発により、押出形材のみで構体の構成が可能でかつ軽量化が可能な第3世代が開発され、山陽電鉄3050形3066編成に採用された。神戸高速鉄道開業対応のために多数の車両を増備する関係で3000系増備車で

山陽電気鉄道 2000･3000 系アルミ車 車歴表				平成 24 年 3 月現在
編成	新製	冷房改造	廃車	記　事
2012-2505-2013	昭和 37 年 5 月	−	平成 2 年 6 月	
3000-3001-3500-3600	昭和 39 年 12 月（43 年 3 月）	平成 2 年 6 月（元年 8 月）		カッコはサハ 3500 を示す
3002-3003-3501-3601	昭和 40 年 1 月（43 年 3 月）	平成 2 年 4 月（元年 8 月）		カッコはサハ 3501 を示す

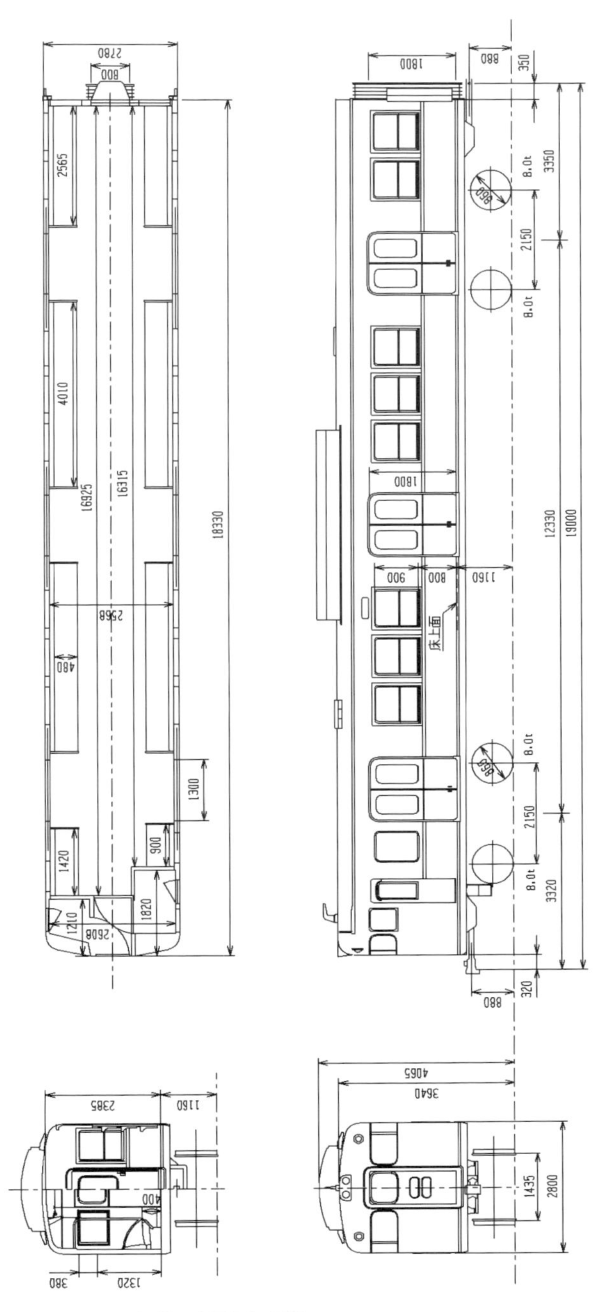

山陽電気鉄道3000系形式図　提供：山陽電気鉄道

は製作費の安価な鋼製車に設計変更されていたが、第3世代では製作費低減が可能になったので採用に踏み切ったと、車両部長として3050形アルミ合金車の開発責任者の立場にあった和田幸正氏は語った。

2000・3000 系アルミ車の現況

2012編成が営業運転を開始した当時の山陽電鉄は道路との併用区間もあり、自動車との接触事故などの復旧に鋼製車より日数がかかるのではないかと危惧された。営業開始間もない頃にオート三輪と衝突したが、損傷は局部にとどまり、塗装工程が省略できる分だけ修理日数は鋼製車よりも短かったという。車体洗浄も大きな問題はなく保守しやすい車両だったと、当時は検車担当として保守に携わっていた和田氏は思い出を語った。

2012編成も寄る年波には勝てず平成2年に廃車となったが、幸いにも解体されることなく東二見

昭和 37 年度に誕生したアルミニウム車は、平成 23 年度に 20000 両を突破し、翌 24 年度には誕生 50 年を迎えた。日本アルミニウム協会はこれを記念した講演会を 25 年 10 月に開催したが、記念行事の一環として、アルミニウム車両委員会報告書 No.8（平成 26 年 3 月発行）の表紙に 50 周年記念ヘッドマークをデザインしたアルミニウム合金製車両第 1 号の山陽 2000 系 2012 編成を掲載した　提供：日本アルミニウム協会

ウロコ紋様が特徴の 2012 編成外板　所蔵：福原俊一

日本アルミニウム協会は、廃車になった2012編成の車体の克明な調査を平成２年に実施したが、約半世紀に渡って活躍したにもかかわらず腐食はほとんど見られないことが確かめられた。この事実は軽量だけではないアルミニウム合金車の優位性を物語っている　提供：日本アルミニウム協会

車庫に保存されている。車両状態を懸念したが、久方ぶりに再会してみると明日にでも営業運転に復帰できるのではと錯覚を覚えるくらいで、2012編成の代名詞といえる丸紋様も健在であった。山陽電鉄としても日本のアルミ合金車第１号である2012編成の技術的価値は理解しているようで、いまのところ解体する予定はないとのこと、先ずは一安心した。2012編成だけでなく現役の第２世代3000編成も撮影できたが、こちらは半世紀に近い経年を感じさせないくらい若々しい、アルミ合金車の優秀性を無言のうちに語っていた。

2000･3000系アルミ合金車は技術的意義もさることながら、日本の鉄道技術をリードするという高い使命感と志を持つ技術陣･技術者の熱意がこもった産業技術材である。それは山陽電鉄の経営理念「夢とロマンのある会社をめざして、変貌する社会環境、経済情勢に対応できる企業体質を築いていきます」を象徴する存在といって差し支えないだろう。ＪＲ西日本やマイカーとの競合などもあって近年は乗客数が伸び悩むなど山陽電鉄は厳しい経営環境に置かれているが、変貌する経済情勢に対応し、人々の生活を支える総合サービスを提供し続ける姿を2012編成は未来永劫見守ってほしい。そんな思いを強く持ちながら東二見車庫を辞した。

（初出：「鉄道ファン」2013年1月号）

東京急行電鉄 7700系

初出：「鉄道ファン」2015年2月号／取材日：平成26年8月2日

日本初のオールステンレス車7000系のVVVFインバータ制御改造仕様の7700系。現代のステンレス車全盛時代の礎を築いた名車両。取材日に雪が谷検車区で撮影

東京急行電鉄は東京南西部から神奈川東部を基盤とする大手私鉄で、池上線は五反田から蒲田までを、多摩川線は多摩川から蒲田までを結んでいる。日本最初のオールステンレス車両である東急7000系の末裔にあたる7700系に対面するため、雪が谷大塚駅南方に近接する雪が谷検車区を訪れた。

7000系（7700系）の来歴を簡単に紹介しよう。昭和30年代初頭にはステンレス鋼が建築用材や家庭用品に普及するようになり、東急車輛製造と汽車会社がステンレス車の製作に着手し、それぞれ東急電鉄5200系と国鉄サロ95形900番台を昭和33（1958）年12月に製作した。5200系製作後にステンレス車の本格的製作を目指した東急車輛は、アメリカ・バッド社と技術提携契約を締結、同社の技術を導入したオールステンレス車の記念すべき第1号として昭和37年1月に製作したのが東急7000系。7000系は構体の腐食がなく、ステンレス車の優秀性を見せていたが、新製から四半世紀を経過した62年に冷房改造・インバーター改造などの更新工事が施行された。こうして誕生したのが7700系で、誕生から半世紀以上経過した後も池上線・多摩川線で活躍している、地味ながら車両技術史に大きな足跡を記した車両である。

日本初のスキンステンレス車の5200系（竣工当時）　提供：総合車両製作所

日本初のオールステンレス車として登場

ここで7000系（7700系）の技術的特徴を述べてみたい。旅客車の車体は大正末期に木製から鋼製に切り替わったが、鋼製車は腐食や外部色の塗替えをはじめとする保守面の問題を宿命的に持っている。これに対してステンレス鋼は、普通鋼のように錆びることもないので塗装も不要な特長があり、ステンレス車はアメリカでは戦前期から使用されていた。しかしステンレス鋼は材料価格が高いことから、日本では塩害が激しく普通鋼では腐食が激しかった関門トンネル用電気機関車EF10の車体などで例外的に採用されている

東京急行電鉄7000系主要諸元一覧

		デハ7000（Mc）	デハ7000（M_{2c}）	デハ7100（M_1）	デハ7100（M_2）
編成		M_{1c} + M_2 + M_1 + M_{2c}			
定員（座席）		140（52）		150（60）	
自重（t）		28.15	28.02	27.32	27.18
車体	鋼体	オールステンレス			
	連結面間長さ(mm)	18000			
	製作会社	東急車輌			
台車	まくらばね	車体直結空気ばね			
	軸箱支持装置	―（パイオニアⅢ）			
	製作会社	東急車輌			
主電動機	方式	直流複巻補償巻線付			
	出力（Kw）	東洋：60（375V）　日立：70（187.5V）			
駆動方式		中空軸平行カルダン			
制御装置	方式	電動カム軸・回生ブレーキ付			
	製作会社	東洋電機／日立製作所			
補助電源装置（MG）		東洋：7.5 k VA　日立：6.0 k VA			
ブレーキ方式		HSC-R			
製造初年度		昭和36年度			
記事		奇数番号車	偶数番号車	奇数番号車	偶数番号車

にすぎなかった。昭和31年に諸外国を歴訪した車両工業界の視察団がステンレス車をつぶさに見学し、東急5200系・国鉄サロ95形900番台が製作される契機となった。鋼製で製作されていた東急5000系とサロ95形の外板をステンレス鋼に設計変更した車両で、EF10形などが必要に迫られてステンレス鋼を採用したのに対して無塗装化や軽量化を狙いとした車両で、銀色に輝く車体はステンレス車の幕開けを力強く告げた。

ステンレス車は外板だけステンレス鋼を使ったスキンステンレス車と台ワクの一部を除いた構体のすべてにステンレス鋼を使ったオールステンレス車

東京急行電鉄7000系　車歴表

車両番号	新製年月日	改造・譲渡・廃車	記事
デハ 7001	1962.1.25	クハ 7910	T
デハ 7002	1962.1.25	デハ 7710	T
デハ 7003	1962.7.1	クハ 7909	T
デハ 7004	昭 37.7.1	デハ 7709	T
デハ 7005	昭 37.7.20	クハ 7908	T
デハ 7006	昭 37.7.20	デハ 7708	T
デハ 7007	昭 38.4.1	水間デハ 7101	T
デハ 7008	昭 38.4.1	水間デハ 7001	T
デハ 7009	昭 38.4.1	水間デハ 7102	T
デハ 7010	昭 38.4.1	水間デハ 7002	T
デハ 7011	昭 38.7.16	水間デハ 7103	T
デハ 7012	昭 38.7.16	水間デハ 7003	T
デハ 7013	昭 38.7.16	弘南デハ 7011	T
デハ 7014	昭 38.7.16	弘南デハ 7021	T
デハ 7015	昭 38.8.18	クハ 7911	T
デハ 7016	昭 38.8.18	秩父デハ 2302	T
デハ 7017	昭 38.8.18	秩父デハ 2001	T
デハ 7018	昭 38.8.18	デハ 7711	T
デハ 7019	昭 38.10.24	クハ 7913	T
デハ 7020	昭 38.10.24	デハ 7713	T
デハ 7021	昭 38.10.31	秩父デハ 2003	T
デハ 7022	昭 38.10.31	秩父デハ 2303	T
デハ 7023	昭 38.10.31	クハ 7903	H
デハ 7024	昭 38.10.31	デハ 7703	H
デハ 7025	昭 39.2.10	弘南デハ 7012	T
デハ 7026	昭 39.2.10	弘南デハ 7022	T
デハ 7027	昭 39.3.10	クハ 7914	T
デハ 7028	昭 39.3.10	秩父デハ 2304	T
デハ 7029	昭 39.3.31	弘南デハ 7013	T
デハ 7030	昭 39.3.31	弘南デハ 7023	T
デハ 7031	昭 39.5.25	弘南デハ 7031	H
デハ 7032	昭 39.5.25	弘南デハ 7032	H
デハ 7033	昭 39.9.7	弘南デハ 7033	H
デハ 7034	昭 39.9.7	弘南デハ 7034	H
デハ 7035	昭 39.8.26	秩父デハ 2002	T
デハ 7036	昭 39.8.26	秩父デハ 2301	T
デハ 7037	昭 40.3.25	弘南デハ 7037	H
デハ 7038	昭 40.3.25	弘南デハ 7038	H
デハ 7039	昭 40.3.25	弘南デハ 7039	H
デハ 7040	昭 40.3.25	弘南デハ 7040	H
デハ 7041	昭 41.2.13	クハ 7906	T
デハ 7042	昭 41.2.13	デハ 7706	T
デハ 7043	昭 41.2.15	クハ 7905	T
デハ 7044	昭 41.2.15	デハ 7705	T
デハ 7045	昭 41.3.24	クハ 7901	T
デハ 7046	昭 41.3.24	デハ 7702	T
デハ 7047	昭 41.2.27	クハ 7904	H
デハ 7048	昭 41.2.27	デハ 7704	H
デハ 7049	昭 40.9.30	北陸クハ 7011	H
デハ 7050	昭 40.9.30	北陸モハ 7001	H
デハ 7051	昭 40.9.30	クハ 7907	H
デハ 7052	昭 40.9.30	平 12.6.5	H 注 1
デハ 7053	昭 41.3.24	北陸クハ 7111	H
デハ 7054	昭 41.3.24	北陸モハ 7101	H
デハ 7055	昭 41.3.24	北陸クハ 7112	H
デハ 7056	昭 41.3.24	北陸モハ 7102	H
デハ 7057	昭 41.3.24	平 12.6.5	H 注 1
デハ 7058	昭 41.3.24	デハ 7707	H
デハ 7059	昭 41.9.10	クハ 7912	T
デハ 7060	昭 41.9.10	デハ 7712	T
デハ 7061	昭 41.9.10	秩父デハ 2004	T
デハ 7062	昭 41.9.10	デハ 7714	T
デハ 7063	昭 41.9.10	クハ 7902	T
デハ 7064	昭 41.9.10	デハ 7701	T
デハ 7101	昭 37.1.25	サハ 7960	T
デハ 7102	昭 37.1.25	デハ 7810	T
デハ 7103	昭 37.7.1	サハ 7959	T
デハ 7104	昭 37.7.1	デハ 7809	T
デハ 7105	昭 37.7.20	サハ 7958	T
デハ 7106	昭 37.7.20	デハ 7808	T
デハ 7107	昭 38.10.26	福島サハ 7316	T
デハ 7108	昭 38.10.26	弘南デハ 7153	T
デハ 7109	昭 38.10.31	弘南デハ 7103	T
デハ 7110	昭 38.10.31	水間デハ 7052	T
デハ 7111	昭 38.10.31	サハ 7953	H
デハ 7112	昭 38.10.31	デハ 7803	H
デハ 7113	昭 39.3.10	サハ 7951	H
デハ 7114	昭 39.3.10	デハ 7801	H
デハ 7115	昭 39.2.10	福島デハ 7210	T
デハ 7116	昭 39.2.10	福島デハ 7107	T
デハ 7117	昭 39.2.10	福島デハ 7212	T
デハ 7118	昭 39.2.10	福島デハ 7111	T
デハ 7119	昭 39.3.10	サハ 7964	T
デハ 7120	昭 39.3.10	デハ 7814	T
デハ 7121	昭 39.3.10	秩父デハ 2203	T
デハ 7122	昭 39.3.10	弘南デハ 7155	T
デハ 7123	昭 39.3.31	福島デハ 7206	T
デハ 7124	昭 39.3.31	福島デハ 7103	T
デハ 7125	昭 39.3.31	福島デハ 7202	T
デハ 7126	昭 39.3.31	福島デハ 7101	T
デハ 7127	昭 39.3.31	水間デハ 7151	T
デハ 7128	昭 39.3.31	水間デハ 7051	T
デハ 7129	昭 39.5.5	福島デハ 7214	T
デハ 7130	昭 39.5.5	デハ 7813	T
デハ 7131	昭 39.5.25	サハ 7963	H
デハ 7132	昭 39.5.25	デハ 7802	H
デハ 7133	昭 39.5.25	サハ 7952	H
デハ 7134	昭 39.5.25	福島サハ 7315	H
デハ 7135	昭 39.9.7	北陸クハ 7212	H
デハ 7136	昭 39.9.7	北陸モハ 7201	H
デハ 7137	昭 39.9.7	北陸クハ 7211	H
デハ 7138	昭 39.9.7	北陸モハ 7202	H
デハ 7139	昭 39.5.25	水間デハ 7152	T
デハ 7140	昭 39.5.25	福島デハ 7113	T
デハ 7141	昭 39.7.3	弘南デハ 7101	T
デハ 7142	昭 39.7.3	弘南デハ 7151	T
デハ 7143	昭 39.7.3	弘南デハ 7102	T
デハ 7144	昭 39.7.3	弘南デハ 7152	T
デハ 7145	昭 39.8.26	秩父デハ 2204	T
デハ 7146	昭 39.8.26	秩父デハ 2104	T
デハ 7147	昭 39.8.26	福島デハ 7208	T
デハ 7148	昭 39.8.26	福島デハ 7109	T
デハ 7149	昭 39.11.1	サハ 7962	T
デハ 7150	昭 39.11.1	デハ 7812	T
デハ 7151	昭 39.11.1	サハ 7961	T
デハ 7152	昭 39.11.1	デハ 7811	T
デハ 7153	昭 39.11.3	弘南デハ 7105	T
デハ 7154	昭 39.11.3	弘南デハ 7154	T
デハ 7155	昭 40.3.25	サハ 7956	H
デハ 7156	昭 40.3.25	デハ 7806	H
デハ 7157	昭 41.2.13	福島デハ 7204	T
デハ 7158	昭 41.2.13	福島デハ 7105	T
デハ 7159	昭 41.2.13	秩父デハ 2201	T
デハ 7160	昭 41.2.13	秩父デハ 2101	T
デハ 7161	昭 41.3.24	秩父デハ 2202	T
デハ 7162	昭 41.3.24	秩父デハ 2102	T
デハ 7163	昭 41.2.27	サハ 7954	H
デハ 7164	昭 41.2.27	デハ 7807	H
デハ 7165	昭 41.2.27	サハ 7957	H
デハ 7166	昭 41.2.27	デハ 7804	H
デハ 7167	昭 40.9.30	サハ 7955	H
デハ 7168	昭 40.9.30	デハ 7805	H
デハ 7169	昭 41.9.10	弘南デハ 7104	T
デハ 7170	昭 41.9.10	秩父デハ 2103	T

記事欄　T: 東洋製／ H: 日立製 電気品搭載車を示す。
記事欄　注 1：昭 63.12.23 ワンマン化

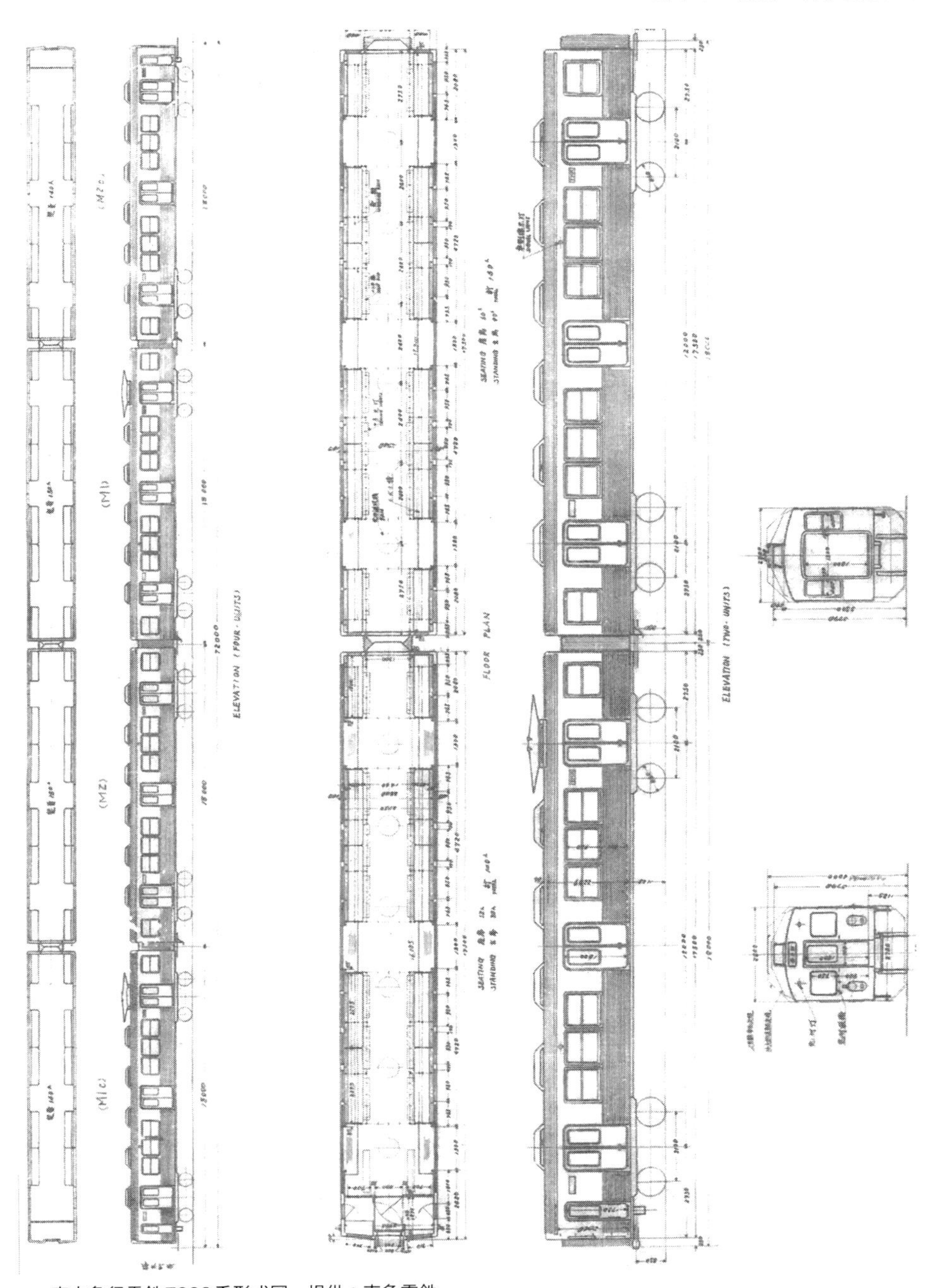

東京急行電鉄7000系形式図　提供：東急電鉄

7000系・7700系譲渡車　車歴表

譲渡後番号	種車番号	譲渡·改造年月日	改造·廃車
・弘南鉄道			
弘南デハ 7011	デハ 7013	平 1.11.21	
弘南デハ 7012	デハ 7025	平 2.12.23	
弘南デハ 7013	デハ 7029	平 2.12.23	
弘南デハ 7021	デハ 7014	平 1.11.21	
弘南デハ 7022	デハ 7026	平 2.12.23	
弘南デハ 7023	デハ 7030	平 2.12.23	
弘南デハ 7031	デハ 7031	昭 63.10.13	
弘南デハ 7032	デハ 7032	昭 63.10.13	
弘南デハ 7033	デハ 7033	昭 63.10.13	
弘南デハ 7034	デハ 7034	昭 63.10.13	
弘南デハ 7037	デハ 7037	昭 63.10.13	
弘南デハ 7038	デハ 7038	昭 63.10.13	
弘南デハ 7039	デハ 7039	昭 63.10.13	
弘南デハ 7040	デハ 7040	昭 63.10.13	
弘南デハ 7101	デハ 7141	平 1.11.21	
弘南デハ 7102	デハ 7143	平 1.11.21	
弘南デハ 7103	デハ 7109	平 2.12.23	
弘南デハ 7104	デハ 7169	平 2.12.23	平 11.6.19
弘南デハ 7105	デハ 7153	平 2.12.23	
弘南デハ 7151	デハ 7142	平 1.11.21	平 11.6.19
弘南デハ 7152	デハ 7144	平 1.11.21	
弘南デハ 7153	デハ 7108	平 2.12.23	
弘南デハ 7154	デハ 7154	平 2.12.23	
弘南デハ 7155	デハ 7122	平 2.12.23	
・十和田観光電鉄			
十和田モハ 7701	デハ 7704	平 14.7.3	平 24.4.1
十和田モハ 7702	デハ 7709	平 14.7.3	平 24.4.1
十和田モハ 7703	デハ 7711	平 14.7.3	平 24.4.1
十和田クハ 7901	クハ 7904	平 14.7.3	平 24.4.1
十和田クハ 7902	クハ 7909	平 14.7.3	平 24.4.1
十和田クハ 7903	クハ 7911	平 14.7.3	平 24.4.1
・福島交通			
福島デハ 7101	デハ 7126	平 3.6.24	
福島デハ 7103	デハ 7124	平 3.6.24	
福島デハ 7105	デハ 7158	平 3.6.24	
福島デハ 7107	デハ 7116	平 3.6.24	平 13.10.1
福島デハ 7109	デハ 7148	平 3.6.24	平 28.12.23
福島デハ 7111	デハ 7118	平 3.6.24	平 28.12.23
福島デハ 7113	デハ 7140	平 3.6.24	
福島デハ 7202	デハ 7125	平 3.6.24	
福島デハ 7204	デハ 7157	平 3.6.24	
福島デハ 7206	デハ 7123	平 3.6.24	
福島デハ 7208	デハ 7147	平 3.6.24	平 13.10.1
福島デハ 7210	デハ 7115	平 3.6.24	平 29.3.4
福島デハ 7212	デハ 7117	平 3.6.24	平 29.3.4
福島デハ 7214	デハ 7129	平 3.6.24	
福島サハ 7315	デハ 7134	平 3.6.24	
福島サハ 7316	デハ 7107	平 3.6.24	平 29.1.26
・秩父鉄道			
秩父デハ 2001	デハ 7017	平 3.11.14	平 12.2.15
秩父デハ 2002	デハ 7035	平 3.11.14	平 12.2.15
秩父デハ 2003	デハ 7021	平 3.12.7	平 12.2.15
秩父デハ 2004	デハ 7061	平 3.12.7	平 12.2.15
秩父デハ 2101	デハ 7160	平 3.11.14	平 12.2.15
秩父デハ 2102	デハ 7162	平 3.11.14	平 12.2.15
秩父デハ 2103	デハ 7170	平 3.12.7	平 12.2.15
秩父デハ 2104	デハ 7146	平 3.12.7	平 12.2.15
秩父デハ 2201	デハ 7159	平 3.11.14	平 12.2.15
秩父デハ 2202	デハ 7161	平 3.11.14	平 12.2.15
秩父デハ 2203	デハ 7121	平 3.12.7	平 12.2.15
秩父デハ 2204	デハ 7145	平 3.12.7	平 12.2.15
秩父デハ 2301	デハ 7036	平 3.11.14	平 12.2.15
秩父デハ 2302	デハ 7016	平 3.11.14	平 12.2.15
秩父デハ 2303	デハ 7022	平 3.12.7	平 12.2.15
秩父デハ 2304	デハ 7028	平 3.12.7	平 12.2.15
・北陸鉄道			
北陸モハ 7001	デハ 7050	平 2.7.25	
北陸モハ 7101	デハ 7054	平 2.7.25	
北陸モハ 7102	デハ 7056	平 2.7.25	
北陸モハ 7201	デハ 7136	平 2.7.25	
北陸モハ 7202	デハ 7138	平 2.7.25	
北陸クハ 7011	デハ 7049	平 2.7.25	
北陸クハ 7111	デハ 7053	平 2.7.25	
北陸クハ 7112	デハ 7055	平 2.7.25	
北陸クハ 7211	デハ 7137	平 2.7.25	
北陸クハ 7212	デハ 7135	平 2.7.25	
・水間鉄道			
水間デハ 7001	デハ 7008	平 2.8.2	水間デハ 1003
水間デハ 7002	デハ 7010	平 2.8.2	水間デハ 1001
水間デハ 7003	デハ 7012	平 2.8.2	
水間デハ 7051	デハ 7128	平 2.8.2	水間デハ 1005
水間デハ 7052	デハ 7110	平 2.8.2	水間デハ 1007
水間デハ 7101	デハ 7007	平 2.8.2	水間デハ 1004
水間デハ 7102	デハ 7009	平 2.8.2	水間デハ 1002
水間デハ 7103	デハ 7011	平 2.8.2	
水間デハ 7151	デハ 7127	平 2.8.2	水間デハ 1006
水間デハ 7152	デハ 7139	平 2.8.2	水間デハ 1008
水間デハ1001	水間デハ 7002	平 18.12.16	
水間デハ1002	水間デハ 7102	平 18.12.16	
水間デハ1003	水間デハ 7001	平 19.2.28	
水間デハ1004	水間デハ 7101	平 19.2.28	
水間デハ1005	水間デハ 7051	平 19.4.23	
水間デハ1006	水間デハ 7151	平 19.4.23	
水間デハ1007	水間デハ 7052	平 19.6.20	
水間デハ1008	水間デハ 7152	平 19.6.20	

7000系のモデルとなったフィラデルフィアの地下鉄電車　写真：内田博行

に大別されるが、東急5200系とサロ153形900番台は前者に属する。前者は耐食性や軽量化の目的を達するのは不十分だったことから、東急車輛はステンレス車両メーカーのバッド社と交渉を重ね、昭和34年12月に技術提携契約を締結した。

一方の東急電鉄は、東横線と営団日比谷線との相互直通運転用の増備車にオールステンレス車の投入を決定、日本のオールステンレス車第1号となった7000系は、バッド社が製作したフィラデルフィアの地下鉄電車（PTC）をモデル車種として設計が進められた。生産用の工作機械だけでなく当初はステンレス構体の材料もアメリカから輸入するなどの苦労もあったが、7000系は37年1月に完成した。少し奥まった前頭部貫通扉や通風器など外観は上述のPTCのイメージが踏襲され、バッド社と技術提携したパイオニアⅢと称する軸ばねのない構造の空気ばね台車が採用された。ステンレス構体とパイオニアⅢ台車の採用などにより1両あたり約3トンの軽量化を実現しただけなく、回生ブレーキが採用され、省エネ電車の元祖的存在となった。主電動機・制御装置などの電機品は東洋製（京阪2000系と同様な方式）を採用したが、増備車では日立製のグループも誕生した。諸元表のように日立車は主電動機出力が大きく高速性能もよいので、東横線では主に急行運用で使用された。

日本最初のステンレス車両を誕生させた立役者として、吉次利二氏を忘れてはならない。国鉄資材局長を経て東急車輛製造社長の要職にあった吉次氏は、昭和31年に諸外国を視察したときブラジルで乗ったバッド社製のオー

竣工当時の 7000 系。帯やラッピングなどはなく、現代のステンレス車と比べるとシンプルな印象　提供：総合車両製作所

吉次利二氏　提供：東急電鉄

ディスクブレーキを装用したパイオニアⅢ台車　提供：東急電鉄

ルステンレス車に感心し、帰途の予定を変更してバッド社を見学してきたという。吉次氏はステンレス車の将来性を確信し、帰国後ただちにステンレス車の製作を命じ、先述の東急5200系が誕生した。東急車輛は戦後に発足した小規模な新興車両メーカーで、先輩他社と比べて特色ある製品・技術を持たねばならないという考えを持っていた吉次氏は、粘り強くバッド社と交渉を続け、遂に技術提携の実現にこぎつけ、7000系をはじめとするオールステンレス車を誕生させた。吉次氏の先見性に富んだ着眼と洞察力から生まれたオールステンレス車は、後に軽量ステンレス車へ発展したことはいうまでもない。技術者ではないが、現在のステンレス車両隆盛の礎を築いた経営者

として、電車の歴史を語るうえで忘れてはならない功労者の一人である。

しかしオールステンレス車7000系の製作は平たんな道程ではなかった。東急車輛はバッド社と同じものを造るという方針で開発に臨み、仕事の進め方はすべてバッド社流にしたがったため、図面の作成方法なども最初は戸惑ったという。強度・剛性は国内の基準で設計し、バッド社からも承認をもらったが、

「アメリカでは車両同士が衝突したときの対策が厳しく、前頭部妻面には強固な衝突柱を立てなければなりませんでした。7000系の前頭部をみると貫通扉が少し奥まっていますが、これは衝突柱を設けたためのものなのです」

と、東急車輛でステンレス車両の設計に携わった守谷之男氏は当時の経緯を語ってくれた。

東急の主力車輌として活躍していた7000系。東横線では急行のほか日比谷線乗り入れ列車にも充当されていた　写真：三浦　衛

ローカル私鉄への旅立ち

7000系は東急電鉄の主力として活躍を続けたが、経年25年を迎えた昭和60年代に節目を迎えた。大井町線・目蒲線用車両は後述する7700系に改造され、東横線用車両は新鋭1000系の増備により廃車。廃車となった7000系は、先輩格5000系の後を追うようにローカル私鉄に譲渡された。

■弘南鉄道

7000系が譲渡された第１陣となったのは弘南鉄道で、昭和63（1988）年度から平成2年度まで2両編成12本の計24両が譲渡された。大鰐線に日立車、弘南線に東洋車が配置され、弘南線には先頭車化改造車も在籍している。平成9年の事故で２両が廃車され、平成26（2014）年4月現在（以下、現在という）

弘南鉄道には昭和 63 年に譲渡され同社の 7000 系となった。平成 29 年現在も大鰐線、弘南線の両線で活躍を続けている　写真：佐藤利生

秩父鉄道に譲渡されたグループもあるが、運用期間は 8 年と短命に終わっている　写真：佐藤利生

では22両が在籍している。

■福島交通

福島交通は平成3年に750Vから1500Vに昇圧され、在来車の置替用として7000系（デハ7100東洋車）が転用された。2両編成5本と3両編成2本の計16両で、先頭車化改造（3両編成中間車は電装解除）が実施され、2両編成の3本には床置式クーラーが取付けられた。平成13年の事故で2両が廃車され、現在は14両が在籍している。

■秩父鉄道

秩父鉄道へは東洋車の16両が平成3年度に譲渡された。目蒲線で運用されていた4両編成のまま譲渡されたので、大きな改造はなかったが2000系

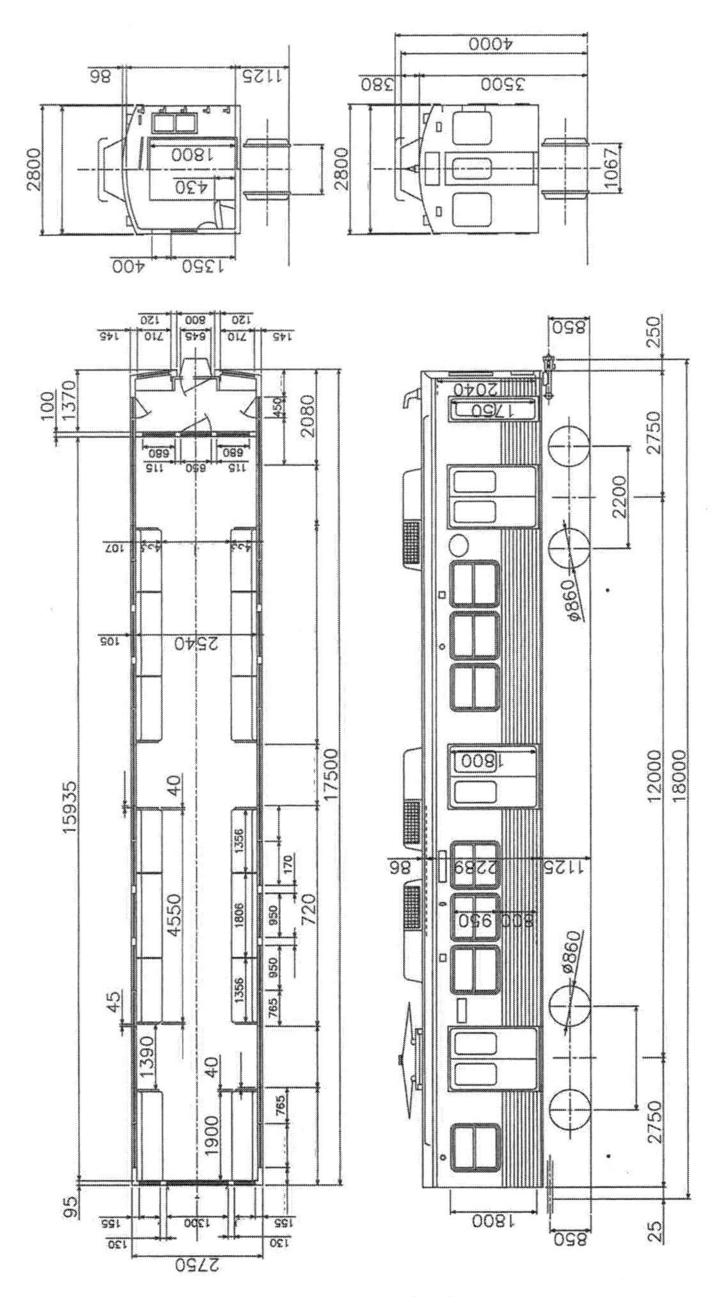

東京急行電鉄デハ7700形　形式図　提供：東急電鉄

北陸鉄道に譲渡されたグループもある。現地でも 7000 系を名乗っている　写真：三浦　衛

に改番された。非冷房車のため設備面で見劣りするようになり、5000系（元東京都交通局6000系）に置替えられ、平成11年度に全車廃車された。

■北陸鉄道

北陸鉄道へは平成2年度に日立車10両が譲渡された。台車・電機品は旧国鉄・西武鉄道の発生品に取替え、600Vに降圧して1M1T2両編成で使用されている。譲渡後の番号は、7000番台がデハ7000非冷房編成、7100番台がデハ7000冷房編成、7200番台がデハ7100先頭車化改造冷房編成に区分された。

■水間鉄道

水間鉄道は平成2年に600Vから1500Vに昇圧され、在来車の置替用として7000系（東洋車）が転用された。2両編成5本の計10両で、冷房改造が併

水間鉄道に渡ったグループもある。長津田で改造工事が実施された際に、ラッピングも施されている　写真：三浦　衛

総合車両製作所の工場内で静態保存されているデハ7052。後方に見えるのはデハ5201

コラム

十和田観光電鉄初のVVVF車

平成12年の目蒲線運行系統変更に伴い、余剰となっていた7700系6両が平成14年度に譲渡された。ローカル私鉄としては異色のインバーター車として活躍したが、乗客減などの背景もあって十和田観光電鉄線は24年3月限りで全線の営業廃止、これに伴い全車両が廃車された。

十和田観光電鉄初のVVVF車となった7700系。赤帯が巻かれ東急時代と似た雰囲気だった
写真：三浦　衛

東京急行電鉄 7700 系

東京急行電鉄7700系主要諸元一覧

		デハ7700（Mc）	デハ7800（M）	クハ7900（Tc）	サハ7950（T）
編成		Mc + T + M + Tc（池上・東急多摩川線：Mc + M + Tc）			
定員（座席）		140（52）	150（60）	140（52）	150（60）
自重（t）		33.8	33.3	29.8	26.8
車体	鋼体	オールステンレス			
	連結面長さ（mm）	18000			
冷房装置（kcal/h）		10000 × 3（440V）			
台車	まくらばね	車体直結空気ばね			
	軸箱支持装置	軸ばね			
	製作会社	東急車輛			
主電動機	方式	3相かご型誘導電動機			
	出力（kW）	170			
駆動方式		中空軸平行カルダン			
制御装置	方式	GTOインバータ制御（デハ7715・7815はIGBT）・回生ブレーキ付			
	製作会社	東洋電機			
補助電源装置（SIV）		120kVA（3相交流440V）			
ブレーキ方式		HSC-R（のちにHRDAに改造）			
製造初年度		昭和62年度			

東京急行電鉄 7700 系車歴一覧　平成 29 年 3 月現在 18 両在籍

改造後番号	種車番号	改造年月日	改造・廃車	改造後番号	種車番号	改造年月日	改造・廃車
デハ 7701	デハ 7064	昭 62.7.31		クハ 7901	デハ 7045	昭 62.7.31	
デハ 7702	デハ 7046	昭 62.7.31	平 27.12.14	クハ 7902	デハ 7063	昭 62.7.31	平 27.6.30
デハ 7703	デハ 7024	昭 62.12.1		クハ 7903	デハ 7023	昭 62.12.1	
デハ 7704	デハ 7048	昭 62.12.1	十和田モハ 7701	クハ 7904	デハ 7047	昭 62.12.1	十和田クハ 7901
デハ 7705	デハ 7044	昭 62.12.1		クハ 7905	デハ 7043	昭 62.12.1	
デハ 7706	デハ 7042	昭 62.12.1		クハ 7906	デハ 7041	昭 62.12.1	
デハ 7707	デハ 7058	昭 63.7.2	平 27.5.28	クハ 7907	デハ 7051	昭 63.7.2	平 27.5.22
デハ 7708	デハ 7006	昭 63.4.21	平 26.4.23	クハ 7908	デハ 7005	昭 63.4.21	平 26.5.8
デハ 7709	デハ 7004	昭 63.4.21	十和田モハ 7702	クハ 7909	デハ 7003	昭 63.4.21	十和田クハ 7902
デハ 7710	デハ 7002	昭 63.7.2	平 26.11.14	クハ 7910	デハ 7001	昭 63.7.2	平 26.8.5
デハ 7711	デハ 7018	平 2.2.27	十和田モハ 7703	クハ 7911	デハ 7015	平 2.2.27	十和田クハ 7903
デハ 7712	デハ 7060	平 2.1.24		クハ 7912	デハ 7059	平 2.1.24	
デハ 7713	デハ 7020	平 2.11.30	平 23.8.1	クハ 7913	デハ 7019	平 2.11.30	平 23.7.25
デハ 7714	デハ 7062	平 3.6.4		クハ 7914	デハ 7027	平 3.6.4	
デハ 7715	サハ 7964	平 8.7.3	平 22.9.25	クハ 7915	サハ 7963	平 8.7.3	平 22.9.25
デハ 7801	デハ 7114	昭 62.7.31		サハ 7951	デハ 7113	昭 62.7.31	平 13.11.17
デハ 7802	デハ 7132	昭 63.10.29	平 27.6.30	サハ 7952	デハ 7133	昭 63.10.29	平 13.11.17
デハ 7803	デハ 7112	昭 62.7.31		サハ 7953	デハ 7111	昭 62.7.31	平 13.11.17
デハ 7804	デハ 7166	昭 62.12.1	平 14.3.20	サハ 7954	デハ 7163	昭 62.12.1	平 14.3.20
デハ 7805	デハ 7168	昭 63.11.12		サハ 7955	デハ 7167	昭 63.11.12	平 13.11.17
デハ 7806	デハ 7156	昭 63.11.12		サハ 7956	デハ 7155	昭 63.11.12	平 13.11.17
デハ 7807	デハ 7164	昭 63.11.10	平 27.4.3	サハ 7957	デハ 7165	昭 63.11.10	平 13.11.17
デハ 7808	デハ 7106	昭 63.4.21	平 26.4.23	サハ 7958	デハ 7105	昭 63.4.21	平 13.11.17
デハ 7809	デハ 7104	昭 63.10.21	平 14.3.20	サハ 7959	デハ 7103	昭 63.10.21	平 14.3.20
デハ 7810	デハ 7102	昭 63.7.2	平 26.8.5	サハ 7960	デハ 7101	昭 63.7.2	平 13.11.17
デハ 7811	デハ 7152	平 2.2.27	平 14.3.20	サハ 7961	デハ 7151	平 2.2.27	平 14.3.20
デハ 7812	デハ 7150	平 2.1.24		サハ 7962	デハ 7149	平 2.1.24	デハ 7815
デハ 7813	デハ 7130	平 2.11.30	平 23.8.1	サハ 7963	デハ 7131	平 2.11.30	クハ 7915
デハ 7814	デハ 7120	平 3.6.4		サハ 7964	デハ 7119	平 3.6.4	デハ 7715
				デハ 7815	サハ 7962	平 7.2.10	平 22.9.25

台車は 8000 系と同じ TS800 系に換装された

インバータ制御化により延命を果たし、長らく池上線、多摩川線で活躍を続けている

施された先頭車化改造車は7050番台に区分されている。18年度にはＡＴＳ整備とともに冷房化・バリアフリー対応を含めた更新工事を施行し1000系に改番されている。

□

7000系の総勢134両のうち76両がローカル私鉄に譲渡され、56両が後述する7700系に改造された。全国のローカル私鉄に舞台を移した7000系は不幸なことに事故廃車となった車両もあるが、多くは現在も活躍を続け、各社の車両近代化や輸送力増強に貢献している。一方、東急電鉄こどもの国線に最後まで残ったデハ7052・7057の2両は平成12年6月に廃車され、東急7000系の歴史は40年弱で幕を閉じた。この2両は東急車輛で使用され、その後デハ7052は平成24年8月に日本機械学会「機械遺産」に認定され、東急車輛の鉄道車両製造事業を承継した総合車両製作所・横浜事業所内でステンレス車の先輩格デハ5201とともに保存されている。

7700系の改造と現況

7000系はローカル私鉄への譲渡と並行して、主回路システムなどの更新と併せて冷房改造が昭和62（1987）年度から施行された。ステンレス構体は腐食していないので流用（ただし冷房装置搭載のため骨組みを強化）したが、客室内装が一新されたほか、

① 主回路システムは9000系などで経済性が実証されたインバーター制御に、補助電源装置はＳＩＶに取替え。

② 台車は8000系と同様な軸ばね式に取替え。

などが施行された。7000系の全電動車1C8M方式からMT編成の1C4M方式に変更され、改造後はデハ7700形などに改番された。ブレーキ装置は当

初7000系の電磁直通ブレーキが使用されたが、平成元年度改造車から電気指令式に更新され、既改造車も後に改造された。改造当初は7000系と同様な外観だったが、7000系と容易に識別できるよう赤帯が追加され、その後7000系にも赤帯（ただし7700系より太い帯）が追加された。

また平成8年度に目蒲線から池上線への転用に際してＴ車のMc・Tc車への先頭車改造が施行され、電装車の主回路システムは1C2MのＩＧＢＴを使用したインバーター制御が使用された。改造後は在来車の追番が付与されたが、この7915Fは切妻タイプの前頭形状が異彩を放つ存在となった。

7700系は目蒲線などで使用されたが、平成12年8月の同線区の運行系統変更に伴い余剰となった中間車は翌13年度に廃車となり、サハ7950が形式消滅した。その後は3両編成となり池上線・多摩川線で使用されているが、7000系（2代目）の投入により7915Fほか2編成が廃車となり、現在では10編成30両の陣容となっている。

□

平成26（2014）年の盛夏、雪が谷検車区で7700系と久方ぶりに対面した。「床下」は一新されていたが、構体は誕生から半世紀を経過したとは思えない輝きを放っていた。雪が谷検車区の田中賢次氏（取材当時助役）の話ではステンレス構体は大きな傷みもないとのことだった。昭和50年代の流行歌「池上線」で「古い電車の隙間風に震えて…」と歌われた3000系とは比較にならないくらい状態がよく、ステンレス構体の優秀性を語っているといえよう。

「外見はきれいですが、インバーターなどの機器も改造から25年経っているので、劣化が出ているのではありませんか」

とお聞きしたところ、機器自体は問題なく配線類も劣化などはみられず、保守面では手間のかからない車両との答えをいただいた。また車体の洗浄にあたっては、環境基準に適合した洗剤を使用しているとのこと、新製時と変わらない輝きを保つのに隠された苦労の一端がうかがえた。

予定時間をすぎたので、検車区事務所をお暇することにした。構内には7700系や新鋭の7000系（2代目）が並んでいた。昭和40年代後半までに500両を超えるオールステンレス車両を製作した東急車輛は、アルミ車に匹敵する重量、鋼製車なみのコストを目標に軽量ステンレス車両の開発に着手し、53年に東急デハ8400試作車を製作した。この軽量ステンレス車は、従来のオールステンレス車の常識でもあったコルゲーションをやめてビード出し加工を採用するなど見栄えも向上し、さらに東急車輛のステンレス車がバッド社の模倣から日本独自の技術へ飛躍した大きなステップになった。

平成25年3月現在、約53000両が在籍する日本の旅客車両のうち約23000両がステンレス車両（アルミ車と鋼製車は各々約15000両）と半数弱を占めている。その隆盛の第一歩を築いた7000系は、紛れもなく産業技術史に残る名車である。そして何より、東急電鉄を中核とする東急グループのスローガンである「洗練され、質が高く、健康的で、人の心を打つ『美しい生活環境の創造』を自らの事業目的とし、その実現に全力で取り組む」を実践し、地域社会の発展を支えた功労車でもある。しかし名車とて寿命は永遠ではない。平成25年に「7700系が数年後に引退」と新聞報道されたように、終焉に近づきつつあることも事実である。全国のローカル私鉄で第二の人生を送る仲間たちとともに、引退を迎える日まで新製時と変わらない輝きを保ちながら快走してほしい、そんな思いを強く持ちながら雪が谷検車区を辞した。

（初出：「鉄道ファン」2015年2月号）

7700系は改造以来目蒲線や池上線を中心に運用されてきた　写真：三浦　衛

その後の7700系（追記）

先述のように、東急電鉄7700系は平成25（2013）年に「数年後に引退」と新聞報道され、26年度と27年度に各2編成6両が廃車された。なかでも7910F編成は7000系トップナンバー（デハ7001・7002）を種車とする由緒ある編成だったが、保存されることなく解体された。しかしその後は諸情勢の変化も背景にあって廃車は進展せず、29年4月現在も6編成18両が在籍し、池上線で活躍を続けている。

一方、ローカル私鉄に転じたグループのうち福島交通は東急1000系を導入し、31年春までに7000系を置替えるとプレス発表した。1000系の第1陣として28年度に5両導入され、これに伴い同年度に7000系5両が廃車され、29年4月現在の在籍両数は9両に減少した。また、北陸鉄道、水間鉄道は26年4月以降も廃車は発生せず、29年4月現在も活躍を続けているが、民営鉄道協会が29年7月に国交省に提出した「平成30年度民鉄関係助成についてのお願い」によると、北陸鉄道が同年度に車両更新を予定しているとのこと、今後の動向が注目されるところである。

福島交通の7000系は平成29年に廃車が開始された。桜水車両基地内でカットされたのち、トラックで搬出された　提供：福島交通（2点とも）

おわりに

鉄道車両に限らず産業技術材全般にいえることだが、その歴史を振り返ってみると時代を画する「製品」は、決して突然変異的に誕生する現れるものではなく、その背景には個々の要素技術の確立が確固として流れていることが分かる。私鉄高性能電車は、戦中・戦後の空白期を取り戻すように、数多くの新技術がシーズとして蓄積され、それらの要素技術を集大成して誕生した。その代表的車両をルポし、各車両の技術的意義と変遷、保守面での苦労話などを紹介できればという思いで、鉄道ファン誌に「戦後の名車を訪ねて」として寄稿させていただいたが、本書はそれらの記事をベースに構成している。

拙稿をまとめるにあたり取材に応じて下さった事業者各位、そして新たに書き起こした拙稿の取材に足しげくお邪魔させていただいた東京地下鉄株式会社・川崎重工業株式会社には、この場を借りて厚くお礼申し上げます。また写真提供などのご協力をいただいた車両メーカや趣友各位に厚くお礼申し上げます。末尾ながら拙作の刊行にあたりご尽力いただいた株式会社交友社、戎光祥出版株式会社に厚くお礼申し上げ、私鉄高性能電車を中心とした名車の産業技術史的な足跡をつづった物語の結びとします。

平成29年11月末日

福原俊一

＜筆者紹介＞

福原 俊一（ふくはら しゅんいち）

昭和28（1953）年2月東京都に生まれる。武蔵工業大学経営工学科卒業。電車発達史研究家。電車の技術史や変遷を体系立てて調査する車両研究をライフワークとして取組み、昭和50年代から鉄道雑誌などに寄稿を続けている電車研究の第一人者。関係者のモチーフや設計思想など、公式資料や1次資料に記述されていない「活字に残しにくい領域」を後世に残すため、20年以上にわたって継続している聞取り調査は、質量ともに他の追随を許さない。主な著書に『鉄道そもそも話』『星晃が手がけた国鉄黄金時代の車両たち』『振子気動車に懸けた男たち』（交通新聞社）、『ビジネス特急こだまを走らせた男たち』『日本の電車物語』（ＪＴＢパブリッシング）などがある。

参考資料・参考文献一覧

資料・文献名	発行年	発行
各社制作新車案内書	−	
各社制作社史及び技報	−	
高速度電動機と駆動装置（松田新市著）	1958	電気車研究会
東京地下鉄道丸ノ内線建設史	1960	帝都高速度交通営団
東急 5000 形の技術	1986	東京急行電鉄車両部
交通技術	各号	交通協力会
電気車の科学	各号	電気車研究会
車両技術	各号	日本鉄道車輌工業会
電車	各号	交友社
ＪＲＥＡ	各号	日本鉄道技術協会
Ｒ＆ｍ	各号	日本鉄道車両機械協会
交通新聞	各号	交通新聞社
鉄道ピクトリアル	各号	電気車研究会
鉄道ファン	各号	交友社
鉄道ジャーナル	各号	鉄道ジャーナル社

西暦和暦対照表

和暦	西暦
慶応 4 年	1867 年
明治元年	
明治 2 年	1869 年
明治 3 年	1870 年
明治 4 年	1871 年
明治 5 年	1872 年
明治 6 年	1873 年
明治 7 年	1874 年
明治 8 年	1875 年
明治 9 年	1876 年
明治 10 年	1877 年
明治 11 年	1878 年
明治 12 年	1879 年
明治 13 年	1880 年
明治 14 年	1881 年
明治 15 年	1882 年
明治 16 年	1883 年
明治 17 年	1884 年
明治 18 年	1885 年
明治 19 年	1886 年
明治 20 年	1887 年
明治 21 年	1888 年
明治 22 年	1889 年
明治 23 年	1890 年
明治 24 年	1891 年
明治 25 年	1892 年
明治 26 年	1893 年
明治 27 年	1894 年
明治 28 年	1895 年
明治 29 年	1896 年
明治 30 年	1897 年
明治 31 年	1898 年
明治 32 年	1899 年
明治 33 年	1900 年
明治 34 年	1901 年
明治 35 年	1902 年
明治 36 年	1903 年
明治 37 年	1904 年
明治 38 年	1905 年

和暦	西暦
明治 39 年	1906 年
明治 40 年	1907 年
明治 41 年	1908 年
明治 42 年	1909 年
明治 43 年	1910 年
明治 44 年	1911 年
明治 45 年	1912 年
大正元年	
大正 2 年	1913 年
大正 3 年	1914 年
大正 4 年	1915 年
大正 5 年	1916 年
大正 6 年	1917 年
大正 7 年	1918 年
大正 8 年	1919 年
大正 9 年	1920 年
大正 10 年	1921 年
大正 11 年	1922 年
大正 12 年	1923 年
大正 13 年	1924 年
大正 14 年	1925 年
大正 15 年	1926 年
昭和元年	
昭和 2 年	1927 年
昭和 3 年	1928 年
昭和 4 年	1929 年
昭和 5 年	1930 年
昭和 6 年	1931 年
昭和 7 年	1932 年
昭和 8 年	1933 年
昭和 9 年	1934 年
昭和 10 年	1935 年
昭和 11 年	1936 年
昭和 12 年	1937 年
昭和 13 年	1938 年
昭和 14 年	1939 年
昭和 15 年	1940 年
昭和 16 年	1941 年
昭和 17 年	1942 年

和暦	西暦
昭和 18 年	1943 年
昭和 19 年	1944 年
昭和 20 年	1945 年
昭和 21 年	1946 年
昭和 22 年	1947 年
昭和 23 年	1948 年
昭和 24 年	1949 年
昭和 25 年	1950 年
昭和 26 年	1951 年
昭和 27 年	1952 年
昭和 28 年	1953 年
昭和 29 年	1954 年
昭和 30 年	1955 年
昭和 31 年	1956 年
昭和 32 年	1957 年
昭和 33 年	1958 年
昭和 34 年	1959 年
昭和 35 年	1960 年
昭和 36 年	1961 年
昭和 37 年	1962 年
昭和 38 年	1963 年
昭和 39 年	1964 年
昭和 40 年	1965 年
昭和 41 年	1966 年
昭和 42 年	1967 年
昭和 43 年	1968 年
昭和 44 年	1969 年
昭和 45 年	1970 年
昭和 46 年	1971 年
昭和 47 年	1972 年
昭和 48 年	1973 年
昭和 49 年	1974 年
昭和 50 年	1975 年
昭和 51 年	1976 年
昭和 52 年	1977 年
昭和 53 年	1978 年
昭和 54 年	1979 年
昭和 55 年	1980 年
昭和 56 年	1981 年

和暦	西暦
昭和 57 年	1982 年
昭和 58 年	1983 年
昭和 59 年	1984 年
昭和 60 年	1985 年
昭和 61 年	1986 年
昭和 62 年	1987 年
昭和 63 年	1988 年
昭和 64 年	1989 年
平成元年	
平成 2 年	1990 年
平成 3 年	1991 年
平成 4 年	1992 年
平成 5 年	1993 年
平成 6 年	1994 年
平成 7 年	1995 年
平成 8 年	1996 年
平成 9 年	1997 年
平成 10 年	1998 年
平成 11 年	1999 年
平成 12 年	2000 年
平成 13 年	2001 年
平成 14 年	2002 年
平成 15 年	2003 年
平成 16 年	2004 年
平成 17 年	2005 年
平成 18 年	2006 年
平成 19 年	2007 年
平成 20 年	2008 年
平成 21 年	2009 年
平成 22 年	2010 年
平成 23 年	2011 年
平成 24 年	2012 年
平成 25 年	2013 年
平成 26 年	2014 年
平成 27 年	2015 年
平成 28 年	2016 年
平成 29 年	2017 年
平成 30 年	2018 年

車両の寸法についての用語解説
（JIS E4001：2011鉄道車両・用語／4.2.2.1車両の寸法 より抜粋）

用語	定義	慣用語
車両限界	車両が平たん直線軌道上に停止しているとき，車両のどの部分も超えてはならない上下・左右の限界。	車両定規
建築限界	車両運転の安全を確保するために，車両限界の外側に必要最小限の余裕空間を加えた，建築物に対する限界。	
車両限界ゲージ	車両の寸法が車両限界内に収まっていることを確認するためのジグ。	車両限界定規
連結器高さ	レール上面から連結器中心までの高さ。	連結器中心高さ
全長	前後両連結器の連結面間の水平距離（引張装置が自由なときのもの）。	連結面間距離
全高	レール上面から車体最高部（附属部分品を含み，集電装置は，折り畳んだ状態で測る。）までの高さ。	最大高さ
全幅（ぜんはば）	車両の側部における最突出部と車体中心線との距離の２倍。	最大幅
車体長	車体両妻外面間の水平距離。ただし，妻板がないものでは，両端ばりの外面間，タンク車では台枠又はタンクの両端最突出部間の水平距離。	車体外部の長さ
車体幅	車体両側板の外面間の水平距離。ただし，側板がないものでは，さく柱の外面間，側ばりの外面間又は胴板の外面間の水平距離のうち最大のもの。	車体外部の幅
床面高さ	レール上面から床面までの高さ。	
屋根高さ	レール上面から屋根上面までの高さ。	
パンタグラフ折り畳み時の車両高さ	パンタグラフを折り畳んだ場合のレール上面からすり板上面までの車両高さ。	
台車中心間距離	ボギー車で前後の台車の回転中心間の水平距離。	心皿間距離
軸距	車軸相互の中心間の水平距離。	
固定軸距	1個の折れ曲がらない台枠又は台車枠で左右遊びを特に付けない輪軸のうち，最前位にあるものと最後位にあるものとの車軸中心間の水平距離。	
全軸距	1両の車両の前後両端にある車軸中心間の水平距離。	
貨物積載高さ	無がい車及び長物車に積載できる貨物の床面上の制限高さ。	
車軸配置	車両又はその台車の前位から後位へかけての輪軸の並べ方。	軸配置
車両偏い（倚）	曲線区間において，車体中心線及び軌道中心線が，車体端部では曲線の外側に，台車間の中央部では曲線の内側にずれる状態。	車体偏い

電気車の駆動装置・原動機関係の用語解説
(JIS E4001:2011鉄道車両・用語／4.4.2.1駆動装置及び原動機関係 より抜粋)

用語	定義	慣用語
車体装架電動機式駆動装置	車体に取り付けられた主電動機から，動軸に駆動力を伝達する装置。	
台車装架電動機式駆動装置	台車枠に取り付けられた主電動機から，動軸に駆動力を伝達する装置。	
台車1電動機式駆動装置	1個の主電動機から1台車に取り付けた2対又は3対の動軸に駆動力を伝達する装置。	モノモータ式駆動装置
つりかけ式支持装置	主電動機の質量の一部を軸受を介して動軸に負荷するとともに，残りの質量をばね間の台車枠に負荷する機構とした主電動機の装架装置。	
半つりかけ式支持装置	主電動機の質量の一部を緩衝装置及び軸受を介して動軸に負荷するとともに，残りの質量をばね間の台車枠に負荷する機構とした主電動機の装架装置。	可とうつりかけ式支持装置 たわみつりかけ式支持装置
クイル駆動装置	台車枠に装架した主電動機に，車軸が貫通する中空軸（クイル）が取り付けられており，大歯車と動軸との間に取り付けられたスパイダとの間にたわみ性をもたせた駆動装置。	クイル式駆動装置
クイル	主電動機に取り付けられた，車軸を包囲する大歯車支持用の短い中空軸。	
カルダン軸	たわみ軸継手又は自在継手をもつ軸。	
カルダン軸駆動装置	台車枠に装架した主電動機と駆動用歯車装置との間に，たわみ軸継手を挿入して駆動力を伝達する装置。	
直角カルダン駆動装置	主電動機軸を，車軸に対して直角に配置した，カルダン軸駆動装置。	
直角駆動方式	一対の傘歯車又は可逆ウォーム歯車を用いて，駆動軸と出力軸とを直交させる駆動方式。	
平行カルダン駆動装置	主電動機軸を，車軸に対して平行に配置した，カルダン軸駆動装置。	
中空軸平行カルダン駆動装置	中空の主電動機軸の中にねじり軸を通し，その両端にたわみ板継手を設けた平行カルダン駆動装置。	
歯車形たわみ軸継手	主電動機軸と減速歯車装置の小歯車軸との間に若干の相対変位があっても動力伝達を行うことができる，内歯車と歯先を丸めた外歯車とを組み合わせた継手。	WN 継手
平板形たわみ軸継手	主電動機軸と減速歯車装置の小歯車軸との間に若干の相対変位があっても動力伝達を行うことのできるたわみ軸継手で，二組のたわみ板を組み合わせたもの。	たわみ軸継手 TD（Twin Disk）継手
たわみ板継手	ある程度の相対変位を許容しながら主電動機と車軸との間で力を伝達する装置。	
(歯車箱）つり装置	歯車箱の質量及びトルクの反力を支える装置。	歯車箱支持装置
歯数比	減速歯車装置の互いにかみ合う大歯車と小歯車との歯数の比。	ギヤ比，歯車比
主電動機	動輪を駆動して車両を走行させる電動機。	
つりかけ式電動機	一端が駆動軸の軸受で支持され，他端が主電動機枠のノーズによって台車又は車体枠と結合させて支えられる電動機。	
直流主電動機	直流電力によって，動輪を駆動して車両を走行させる電動機。	

戎光祥レイルウェイリブレット3

電車技術発達史(でんしゃぎじゅつはったつし)
——戦後(せんご)の名車(めいしゃ)を訪(たず)ねて

2018年1月18日　初版初刷発行

著　者　福原俊一

発行人　伊藤光祥
発行所　戎光祥出版株式会社
〒102-0083　東京都千代田区麹町1-7　相互半蔵門ビル8F
TEL：03-5275-3361（営業）　03-5275-3362（編集）
FAX：03-5275-3365
URL：http：//www.ebisukosyo.co.jp/
mail：info@ebisukosyo.co.jp

制作協力（50音順）　川崎重工業株式会社　近畿車輛株式会社　近畿日本鉄道株式会社　熊本電気鉄道株式会社　株式会社交友社　山陽電気鉄道株式会社　株式会社総合車両製作所　東京地下鉄株式会社　東京急行電鉄株式会社　東洋電機製造株式会社　長野電鉄株式会社　西日本鉄道株式会社　一般社団法人日本アルミニウム協会　一般社団法人日本交通協会　日本車輛製造株式会社　日本テレビ放送網株式会社　株式会社BSフジ　三菱電機株式会社　奥井淳司　中村光司　永渕澄夫　三浦　衛
編集協力　盛本隆彦　河野孝司　高橋茂仁
装　　丁　川本 要
編集・制作　株式会社イズシエ・コーポレーション
印刷・製本　モリモト印刷株式会社

ISBN 978-4-86403-279-7